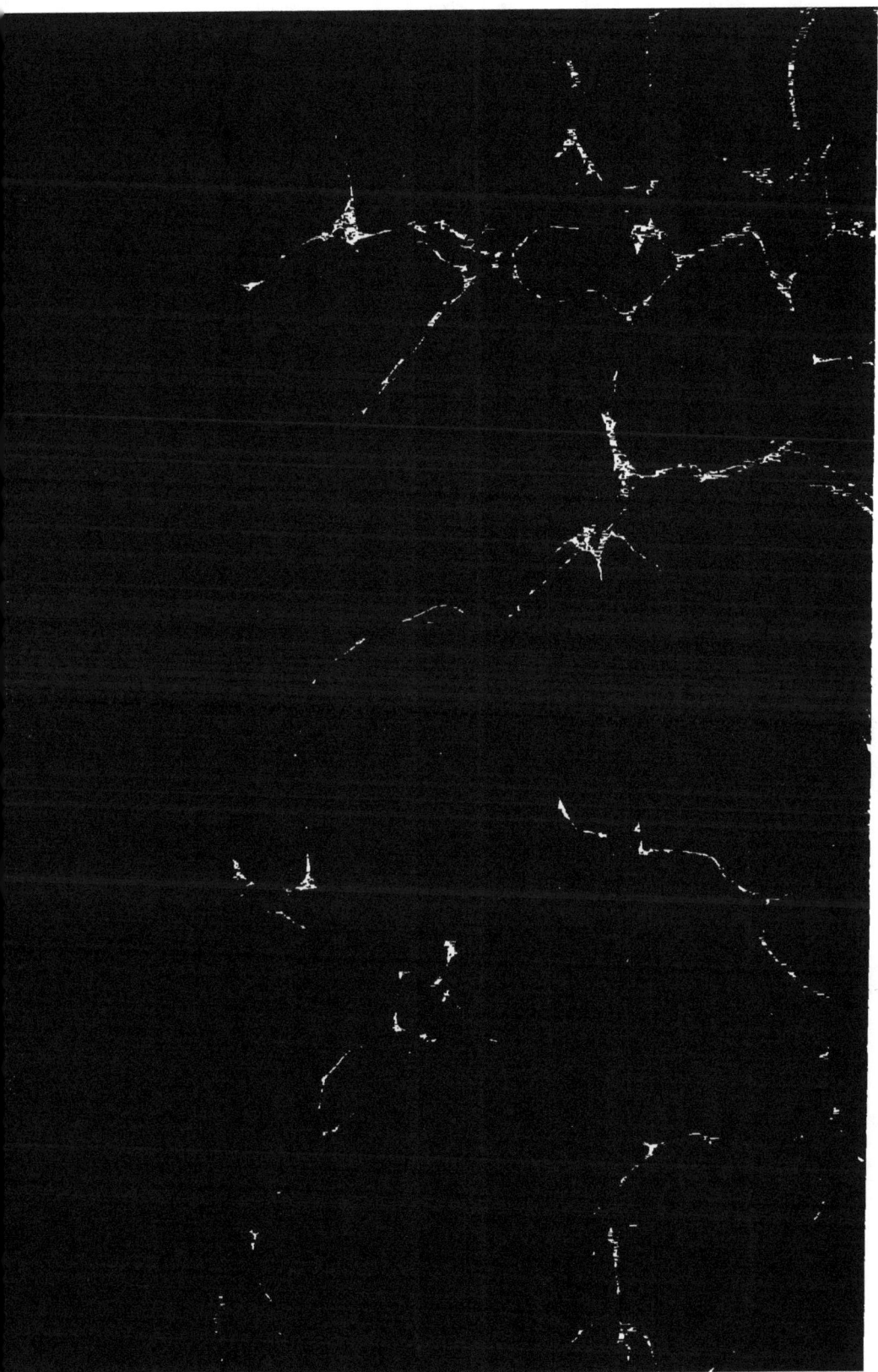

HISTOIRE

DE LA DÉCOUVERTE

DE LA

CIRCULATION DU SANG

PARIS. — IMPRIMERIE DE J. CLAYE

RUE SAINT-BENOIT, 7.

HISTOIRE

DE LA DÉCOUVERTE

DE LA

CIRCULATION DU SANG

P. FLOURENS

Membre de l'Académie Française et Secrétaire perpétuel de l'Académie des Sciences (Institut de France), Membre des Sociétés et Académies royales des Sciences de Londres, Édimbourg, Stockholm, Munich, Turin, Madrid, Bruxelles, etc., etc. Professeur au Muséum d'histoire naturelle et au Collège de France.

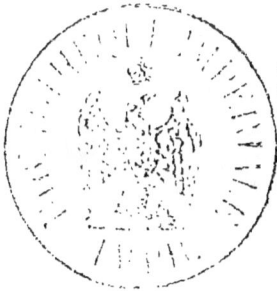

> Étant sur les bancs, il fit une action d'une audace signalée, qui ne pouvait guère, en ce temps-là, être entreprise que par un jeune homme, ni justifiée que par un grand succès; il soutint dans une thèse la circulation du sang. Les vieux docteurs trouvèrent qu'il avait défendu avec esprit cet étrange paradoxe.
>
> FONTENELLE, *Éloge de Fagon.*

DEUXIÈME ÉDITION

Revue et augmentée

PARIS

GARNIER FRÈRES, LIBRAIRES

RUE DES SAINTS-PÈRES. 6.

1857

AVERTISSEMENT

DE LA PREMIÈRE ÉDITION

—

Il y a quelques années que, parcourant le *Commentaire* de Ramazzini sur Cornaro, mes yeux s'arrêtèrent sur cette phrase :

« Les anciens ont absolument ignoré la
« circulation du sang, et nous avons l'obli-
« gation à Harvey, le Démocrite anglais,
« de l'avoir publiée le premier, après qu'il
« l'eut puisée dans ces deux excellentes
« sources, Fabrice d'Acquapendente et Paul
« Sarpi, tous deux professeurs à Padoue,
« et qui en avaient fait tant d'expériences
« sur toutes sortes d'animaux. »

1.

Cette phrase éveilla ma curiosité. Je fis des recherches. Je trouvai des écrivains passionnés, prévenus, à parti pris d'avance : de véritable historien, de juge, je n'en trouvai point.

L'histoire de la *découverte de la circulation du sang* était encore à faire.

J'étudie successivement, dans ce livre, toutes ces découvertes merveilleuses de la circulation du sang proprement dite, des vaisseaux chylifères, du réservoir du chyle, des vaisseaux lymphatiques.

J'y suis les faits depuis Érasistrate et Galien jusqu'à Servet, depuis Servet et Césalpin jusqu'à Harvey, depuis Harvey jusqu'à Pecquet et Thomas Bartholin.

Un point m'a particulièrement occupé. Je me suis appliqué à rechercher, et, si je puis ainsi parler, à reconstruire tout l'ensemble des idées de Galien touchant la circulation de l'*adulte* et celle du *fœtus*, la formation du *sang*, la formation des *esprits*, la *chaleur innée*.

J'examine, dans un chapitre, les préten-tions de Sarpi à la découverte de la circu-lation du sang ; et, dans un autre, les opi-nions physiologiques de Servet : homme étrange qui eut du génie.

Je termine par deux chapitres sur Gui-Patin, l'adversaire tout à la fois le plus spi-rituel et le plus obstiné qu'aient eu les idées modernes.

AVERTISSEMENT

DE CETTE ÉDITION

——

La première édition de ce livre a paru
en 1854.

En le réimprimant pour la seconde fois,
j'en ai revu, avec soin, tout l'ensemble.

J'ai même ajouté quelques détails, aux-
quels je suis loin toutefois d'attacher beaucoup d'importance. Une page d'histoire
n'est pas un article de bibliographie. Le
bibliographe doit tout citer; l'historien ne
doit citer que les noms que marque une
idée.

Dans le sujet qui m'occupe, il fallait citer,

ou plutôt il fallait étudier, analyser, il fallait comprendre : Galien, qui a prouvé que les artères contiennent du sang, et non pas de l'air, comme le croyait Érasistrate ; Vésale, qui a prouvé que la cloison du cœur est pleine et non percée, comme le croyait Galien ; Servet, Colombo, Césalpin, qui ont prouvé que le sang du cœur droit passe par le poumon avant de revenir au cœur gauche, passage qui constitue la *circulation pulmonaire;* Césalpin qui, le premier, a vu que le sang, dans les veines, revient des parties au cœur, au lieu d'aller du cœur aux parties, retour qui constitue la *circulation générale;* Fabrice d'Acquapendente qui, le premier, a vu les valvules des veines, sans en connaître l'usage ; et enfin Harvey, homme admirable dans la démonstration des choses aperçues par les autres, qui a prouvé la *circulation pulmonaire* par la structure même du cœur, la *circulation générale* par la disposition même des valvules des veines, qui a rejoint les deux circulations l'une à l'autre et nous a donné le spectacle complet d'un grand mécanisme.

Et l'histoire de la découverte *du cours du sang* terminée, il fallait passer à l'histoire de la découverte *du cours du chyle.*

Ici le premier homme à citer était Aselli, qui a découvert les vaisseaux *lactés* ou *chy-lifères*, et le second, Pecquet (enfin, au milieu de ces noms immortels, un nom français !), qui a découvert leur réservoir commun et leur rendez-vous final, non au foie, comme l'avait cru Aselli, mais au cœur.

En 1622, Aselli découvre les *vaisseaux chylifères ;* plus d'un demi-siècle auparavant, Eustachi avait découvert le *canal thoracique :* deux beaux faits, mais incomplets, stériles, deux beaux faits perdus ; Pecquet les rejoint par un troisième, *le réservoir du chyle*, et nous démontre le *cours du chyle*, comme Harvey nous avait démontré le *cours du sang.*

Reste une troisième découverte, et très-grande encore : celle du *cours de la lymphe* et de ses *vaisseaux*, due au Suédois Rudbeck, pour les *vaisseaux lymphatiques* du foie, et au Danois Thomas Bartholin, pour les *vaisseaux lymphatiques* du corps entier.

On voit la suite des progrès, l'ordre des noms, la filiation des idées.

L'histoire scientifique est la CHRONOLOGIE de l'esprit humain.

DE SERVET ET D'HARVEY

OU

HISTOIRE DE LA DÉCOUVERTE

DE LA

CIRCULATION DU SANG

I

D'Harvey et de la circulation du sang.

La découverte de la circulation du sang n'appartient pas, et ne pouvait guère appartenir, en effet, à un seul homme, ni même à une seule époque. Il a fallu détruire plusieurs erreurs : à chacune de ces erreurs il a fallu substituer une vérité. Or, tout cela s'est fait successivement, lentement, peu à peu. Galien combattait déjà Érasistrate ; il ouvrait la route qui, suivie depuis par Vésale, par Servet, par Colombo, par Césalpin, par Fabrice d'Acquapendente, nous a conduits à Harvey.

2

Trois erreurs principales masquaient, si je puis ainsi dire, le grand fait de la circulation du sang : la première, que les artères ne contenaient que de l'air; la seconde, que la cloison qui sépare les deux ventricules était percée; la troisième, que les veines portaient le sang aux parties, au lieu de l'en ramener.

Voyons quels sont les hommes qui avaient posé ces erreurs, et quels sont ceux qui les ont détruites.

D'Érasistrate.

Érasistrate croyait que les artères ne contenaient point de sang, qu'elles ne contenaient que de l'air.

Selon Érasistrate, l'air, attiré par les poumons, y pénétrait par la trachée-artère; de la trachée-artère, il passait dans l'*artère veineuse* (ce que nous appelons aujourd'hui la veine pulmonaire); de l'*artère veineuse*, il passait dans le ventricule gauche; et du ventricule gauche il passait dans les artères, qui le portaient aux parties [1].

1. Selon Érasistrate, nous ne respirons que pour remplir

Ce que nous appelons aujourd'hui le *système sanguin*, le *système circulatoire*, se partageait donc en deux systèmes : le système *artériel* ou *aérien*, et le système *veineux* ou *sanguin*.

Les artères étaient les canaux de l'air; et de là même leur nom d'*artères*; et de là leur communauté de nom avec la *trachée-artère*, qui est, en effet, le grand canal de l'air.

De Galien.

Dès qu'on ouvre une artère, dit Galien, le sang en sort : donc de deux choses l'une, ou il y était contenu, ou il y est venu d'ailleurs ; mais, s'il y vient d'ailleurs, si l'artère ne contient que de l'air, l'air devrait donc en sortir avant le sang, et c'est ce qui n'est pas; il en sort du sang et point d'air : donc les artères ne contiennent que du sang[1].

d'air les artères : « Quænam est utilitas respirationis?..... Num animæ ipsius generatio est?... An innati caloris ventilatio ac refrigeratio?..... Aut horum quidem nihil est, verum arteriarum expletionis gratiâ respiramus, velut Erasistratus putat? » (*De utilitate respirationis*, GALENI OPERA : *édition des Junte*. Venise, 1597, p. 223.)

1. Quoniam arteriâ quâcumque vulneratâ, sanguinem egredi videmus, duorum alterum sit oportet, vel in arteriis san-

Galien faisait une autre expérience.

Il interceptait une portion d'artère entre deux ligatures; puis il ouvrait l'entre-deux, et n'y trouvait que du sang : donc, encore une fois, les artères contiennent du sang, et ne contiennent que du sang[1].

Mais, s'écriaient les sectateurs d'Érasistrate, si les artères contiennent du sang, comment l'air, attiré par les poumons, peut-il passer dans tout le corps? Il n'y passe pas, répondait Galien : l'air attiré est rejeté; il sert à la respiration par sa *température*, et non par sa *substance;* il rafraîchit le sang, et c'est là tout l'usage de la respiration[2].

guinem contineri, vel aliundè ipsum in eas confluere. Quod, si aliundè sanguis in eas confluit, manifestum est unicuique, cum se naturaliter arteriæ habebant, spiritum ipsas solummodo continuisse. Quod, si hoc verum esset, oportebat in vulneratis, priusquam sanguis egrederetur, spiritum exire conspiceremus; cum autem hoc fieri non videamus, nec anteà solum spiritum in arteriis contentum fuisse colligemus..... (*An sanguis in arteriis naturâ contineatur,* p. 60.)

1. Ubi funiculo dissectam arteriam utrinque ligavimus, et quod in medio comprehensum fuerat incidimus, sanguine plenam ipsam esse monstravimus... (*Ibid.,* p. 61.)

2. Sed quomodo, reclamant, in totum corpus aer veniet quem respirando attrahimus, si sanguinem arteriæ conti-

Assurément, ceci est bien loin de ce que nous
savons aujourd'hui sur la respiration. C'est
même tout le contraire de ce qui est. Au lieu
de *rafraîchir* le sang, la respiration l'*échauffe;*
la respiration est la source de la *chaleur animale;* mais enfin, relativement à Érasistrate,
qui prétendait que l'air passait dans les artères
en totalité, en masse, en *substance*, comme il
passe dans la trachée-artère, dans les bronches,
que c'était l'air qui gonflait les artères, l'air qui
les distendait [1], l'air qui les faisait battre, l'air
qui était la cause du pouls [2], l'idée de Galien
était un progrès, et tellement un progrès que,

---

neant? Quibus respondendum est, quæ necessitas hoc eos
fateri cogat, cum possit totus, qui respirando admissus est
aer, foras remitti : quemadmodum pluribus, iisque diligen-
tissimis tam philosophis quam medicis, visum est, qui cor
inquiunt non aeris substantiam exposcere, sed frigiditatem
solummodo, quâ recreari desiderat : atque hunc esse respirationis usum. (*Ibid.*, p. 62.)

1. « ..... Consentiens Erasistrati sententiæ : quandoquidem
putat arterias,..... ideo distendi, quod compleantur spiritu
(*l'esprit*, c'est-à-dire, pour Érasistrate, *l'air* ; on verra plus
loin, page 20, note 2, ce que *l'esprit* était pour Galien) à corde
suppeditato. » (*De pulsuum differentiis*, p. 69.)

2. Pulsus est dilatatio arteriæ, quæ completione fit spiritûs
à corde emissi. (*Ibid.*)

sur ce point, la physiologie tout entière n'a pu
en faire un autre que par le secours de la nouvelle chimie : Haller croyait encore que la respiration *rafraîchissait* le sang.

Ainsi donc, les artères ne contiennent point
d'air ; les artères ne contiennent que du sang,
comme les veines; toute une moitié du système
sanguin, détachée de ce système par une hypo-
thèse, lui est rendue ; et, comme la circulation
n'est que le mouvement qui porte sans cesse le
sang du cœur dans les artères, des artères dans
les veines, et qui par les veines le ramène sans
cesse au cœur, tant que les artères auraient été
supposées ne contenir que de l'air, la découverte de la circulation eût été impossible : sans
le pas qu'a fait Galien, on n'en aurait pu faire
aucun autre.

Des trois erreurs principales que j'indiquais
tout à l'heure, en voilà donc une de moins, une
de détruite. Galien ne fut pas aussi heureux, relativement aux deux autres. Il crut que la cloison qui sépare les deux ventricules était percée,
et que les veines portaient le sang aux parties :
deux erreurs qui devaient passer de lui aux mo-

dernes, et dont la dernière était l'opposé même
de toute idée de *circulation.*

Des premiers anatomistes modernes.

La cloison qui sépare les deux ventricules
n'est point percée. Comment donc se fait-il que
Galien la crût, la *vît* percée? C'est qu'il avait
imaginé qu'il fallait qu'elle le fût.

Selon Galien, les veines portaient le sang aux
parties, comme les artères; mais il y avait deux
sangs : le *sang spiritueux,* le sang des artères
et du ventricule gauche, et le *sang veineux,* le
sang proprement dit, le sang des veines et du
cœur droit [1]. Et ceci encore était un progrès.
C'était la première indication des deux sangs,
aujourd'hui si bien distingués, le sang rouge et
le sang noir, le sang artériel et le sang veineux,
le sang qui a respiré et le sang qui n'a pas
respiré.

Il y a donc, selon Galien, deux sangs; et chacun de ces deux sangs a une destination qui lui

1. ..... Sinistro ventriculo, quem medici *spirituosum* appellare consueverunt..... altero ventriculo, quem *sanguineum*
appellant..... (*De usu partium,* lib. VI, p. 150.)

est propre : le *sang spiritueux* nourrit les organes légers et délicats, tels que le poumon; le
sang veineux nourrit les organes épais et gros-
siers, tels que le foie [1]. L'*esprit*, cette *partie la
plus pure du sang* [2], ne se forme que dans le
ventricule gauche [3]; et cependant, comme il
faut, même au *sang veineux*, pour qu'il puisse
servir à la nutrition, une certaine proportion
d'*esprit* [4], il faut donc aussi que les deux ventricules, le ventricule de l'*esprit* et celui du
sang, communiquent ensemble, et c'est ce qui a
lieu par les *prétendus trous* de la cloison qui les
sépare [5].

1. ..... Ut similem, ad sui nutritionem, postulent sanguinem, verbi gratià hepar viscerum omnium gravissimum ac
densissimum, et pulmo levissimus ac rarissimus..... Quo
factum est ut hepar quidem à venis fere solis,... pulmo verò
ab arteriis nutriretur... (*De usu partium*, p. 155.)

2. Spiritus exhalatio quædam est sanguinis benigni.....
(*Ibid.*, p. 155.)

3. Spiritûs receptaculum, sinister ventriculus... (*De anat.
administ.*, lib. VII, p. 95.)

4. Demonstratum nobis alio loco est, omnia esse in omnibus.....; atque arteriæ quidem tenuem ac purum et vapo-
rosum participant sanguinem, venæ autem paucum, eum-
demque caliginosum aerem..... (*De usu partium*, lib. VI,
p. 154.)

5. Quæ igitur in corde apparent foramina, ad ipsius potis-

Pour Galien, la cloison était donc percée, parce qu'il avait imaginé un système qui voulait qu'elle le fût. Pour les premiers anatomistes modernes, la cloison fut percée, parce que Galien l'avait dit.

Mondini dit que la cloison est percée [1]; Vasseus ou Le Vasseur, sur lequel je reviendrai plus loin, dit comme Mondini [2]; vingt autres disent comme ces deux-là. Bérenger de Carpi, le premier, avoue que les trous *ne sont pas bien visibles* [3]; et Vésale, le grand Vésale, le père de

simum medium septum, prædictæ communitatis gratiâ, extiterunt. (*Ibid.*, p. 155.)

1. La cloison est ce qu'il appelle le *ventricule moyen* : Nam iste ventriculus non est una concavitas, sed plures concavitates parvæ,... ut sanguis qui vadit ad ventriculum sinistrum à dextro, cum debeat fieri spiritus, continuò subtilletur..... (*Anatomia Mundini*. Édition de Dryander, 1540, p. 38.)

2. « Dedans le cœur, il y a seulement deux sinus ou ven-« tricules, séparés par un entre-deux dict en latin *septum*, « par les pertuis duquel entre-deux le sang et l'esprit sont « communiqués. » (Traduction française par Canappe, p. 46.)

3. ..... In homine cum maximâ difficultate videntur. (*Commentaria super anatomiam Mundini*, p. cccxli, édition de 1521.) Jacques Sylvius ou Dubois semble aussi ne pas admettre les *trous* de la cloison; du moins n'en parle-t-il pas; il se borne à dire : Sunt cordi ventres duo, carnis ipsius proportione mediâ; ceu diaphragmate quodam secreti. (*In*

l'anatomie moderne, Vésale seul ose dire qu'*ils n'existent pas*. Encore n'en vient-il pas là tout de suite. Il commence par répéter, avec tous les autres, que le sang passe d'un ventricule dans l'autre *par les trous de la cloison* [1] ; mais bientôt emporté par la force du fait qu'il voit, qu'il touche, il déclare qu'il n'a parlé de la sorte que *pour s'accommoder aux dogmes de Galien* [2]; car, au fond, le tissu de la cloison n'est ni moins épais, ni moins compacte que le reste du cœur; et, à travers ce tissu épais, il ne saurait passer une seule goutte de sang [3].

Hippocratis et Galeni physiologiæ partem anatomicam Isagoge, p. 54, édition de 1555.)

1. ..... Maximâ portione per ventriculorum cordis septi poros in sinistrum ventriculum desudare sinit... (Andreæ Vesalii *Opera omnia anatomica,* etc. Édition d'Albinus, 1725, tome 1, p. 517.)

2. In cordis constructionis ratione, ipsiusque partium usu recensendis, magnâ ex parte Galeni dogmatibus sermonem accommodavi..... (*Ibid.*, p. 519.)

3. Haud leviter studiosis expendendum est ventriculorum cordis interstitium, aut septum, ipsumve sinistri ventriculi dextrum latus, quod æquè crassum, compactumque ac densum est, atque reliqua cordis pars sinistrum ventriculum complectens, adeo ut ignorem... qui per septi illius substantiam ex dextro ventriculo in sinistrum vel minimum quid sanguinis assumi possit... (*Ibid.,* p. 519.)

Galien avait montré que les artères contiennent du sang comme les veines, et c'était un
premier pas; il avait indiqué la distinction des
deux sangs, l'*artériel* et le *veineux*, et c'était
l'indication d'un second pas; Vésale venait de
montrer que la cloison des deux ventricules n'é-
tait pas percée, c'était le troisième pas; un pas
de plus, et la circulation pulmonaire était trouvée. Ce nouveau pas fut dû à Servet.

De Servet et de la circulation pulmonaire.

Je me garde bien de faire aucune allusion
aux ouvrages théologiques de Servet, que je
n'ai pas lus[1]. Peut-être, dans ses querelles avec
Calvin, se trompait-il tout autant que lui; mais,
du moins, ne fit-il pas brûler Calvin.

Je m'en tiens au passage suivant sur la *circulation pulmonaire;* et je dis que ce passage admirable suffit seul pour assurer à Servet une
place illustre dans la science.

La communication, dit Servet (c'est-à-dire le
passage du sang du ventricule droit dans le ven-

---

1. J'en ai lu quelques-uns plus tard. (Voyez, plus loin,
le ve chapitre de cet ouvrage.)

tricule gauche), ne se fait pas à travers la cloison mitoyenne des ventricules, comme on se
l'imagine communément; mais, par un long et
merveilleux détour, le sang est conduit à travers
le poumon, où il est agité, préparé, où il devient jaune, et passe de la veine artérieuse dans
l'artère veineuse : *et à venâ arteriosâ in arte-*
riam venosam transfunditur.

Je m'arrête un moment sur ces mots, *et à*
venâ arteriosâ in arteriam venosam transfun-
ditur; car c'est là l'idée nouvelle, l'idée complète.

Tout en supposant la cloison des ventricules
percée, Galien savait très-bien que le sang du
ventricule droit passait, du moins en partie, par
l'artère pulmonaire, dans le poumon [1]. Vésale
le savait aussi [2]. Mais ce n'était là que la moitié
de l'idée, la moitié du fait.

1. Atqui orificia omnia sunt numero quatuor, duo in utro-
que ventriculo : in sinistro unum quod spiritum de pulmone
immittit, alterum quod educit : reliqua duo in dextro, alterum quod in pulmonem sanguinem emittit, alterum quod è
jecore admittit. (*De Hipp. et Plat. decret.,* lib. VI, p. 264.)
2. Dexter ventriculus... à cavâ venâ, quoties cor dilatatur
ac distenditur, magnam sanguinis vim attrahit, quem, adjuvantibus forte ad hoc ventriculi foveis, excoquit : ac suo

L'idée complète, l'idée entière qui nous a donné la *circulation pulmonaire*, a été de comprendre que le sang passe de l'*artère pulmonaire* dans la *veine pulmonaire;* que le sang, sorti du cœur droit par l'*artère pulmonaire*, revient au cœur gauche par la *veine pulmonaire;* que le sang sorti du cœur revient au cœur ; qu'il y a, par conséquent, *circulation, circuit;* et cette idée, cette grande idée, cette idée si neuve de *circulation*, de *circuit*, Servet est le premier qui l'ait eue.

Et que la communication se fasse ainsi par les poumons, ajoute Servet, c'est ce que nous apprend la connexion, l'union multiple de la *veine artérieuse* avec l'*artère veineuse* dans cet organe. C'est ce que confirme le calibre de la *veine artérieuse,* qui ne serait ni si grande, ni

calore attenuans, levioremque, et qui aptius impetu postmodum per arterias ferri possit reddens, maximâ portione per ventriculorum cordis septi poros in sinistrum ventriculum desudare sinit (on a vu, page 10, qu'il n'admet ces *trous* de la *cloison* que par complaisance pour Galien); reliquam autem ejus sanguinis partem, dum cor contrahitur arctaturque, per venam arterialem in pulmonem delegat. (Andreæ Vesalii *Opera omnia anatomica*, etc., édition d'Albinus, 1725, t. I, p. 517.)

3

ne porterait un tel volume de sang au poumon, s'il ne s'agissait que de le nourrir, d'autant (et ceci est une remarque très-fine) que, dans l'embryon, le poumon se nourrit bien d'ailleurs, puisque ce sang ne lui arrive pas. C'est donc pour un autre usage qu'au moment de la naissance le sang passe, avec tant d'abondance, du cœur dans le poumon. C'est pour s'y mêler à l'air; car ce n'est pas seulement l'air, c'est l'air mêlé au sang, qui passe dans l'*artère veineuse*. La couleur jaune est donnée au sang par le poumon et non par le cœur[1]....

Tout cela est plein de sagacité, de finesse, de pénétration. La connexion, l'union de l'*artère pulmonaire* et de la *veine pulmonaire* dans le poumon par leurs rameaux infinis; le calibre de l'*artère pulmonaire* qui serait beaucoup trop grand si l'artère ne devait servir qu'à la nutrition du poumon; la nutrition de cet organe qui,

1. Fit autem communicatio hæc non per parietem cordis medium, ut vulgò creditur, sed magno artificio à dextro cordis ventriculo, longo per pulmones ductu, agitatur sanguis subtilis; à pulmonibus præparatur; flavus efficitur, et à venâ arteriosâ in arteriam venosam transfunditur. (Voyez, pour les citations que je fais ici de Servet, l'*extrait de son livre*, que l'on trouvera à la fin de ce volume.)

dans l'embryon, se fait sans le sang de l'*artère pulmonaire*, laquelle, en effet, ne reçoit point alors de sang ; tout cela forme un ensemble de raisons décisives, excellentes, qui sont les raisons mêmes que nous donnons aujourd'hui, qui sont les vraies.

Remarquons encore le changement de couleur du sang, qui s'opère, non dans le cœur, mais dans le poumon, et qui est dû à l'action de l'air. Nous savons aujourd'hui que ce n'est pas tout l'air, que c'est l'oxygène seul de l'air qui produit ce changement. Mais, à cela près, à l'analyse de l'air près, que Servet ne pouvait devancer, et qui a été la merveille de la chimie nouvelle, combien l'idée est juste ! Servet a non-seulement découvert la véritable marche du sang d'un cœur à l'autre par le poumon ; il a découvert le véritable lieu de la *sanguification*, de la *transformation* du sang, du *changement* du sang noir en sang rouge. Galien plaçait le siége de la *sanguification* dans le foie ; Servet, le premier, l'a placé dans le poumon : vérité qui ne fut pas alors remarquée, qui n'a été comprise que beaucoup plus tard, et qui même n'a reçu tout son développement que des expériences des physiologistes les plus récents, que des expériences de Goodwin et de Bichat [1].

La cloison mitoyenne des deux ventricules, continue Servet, ne se prête point à la communication du sang d'un ventricule dans l'autre... De la même manière que se fait, dans le foie, le passage du sang de la *veine porte* dans la *veine cave*, de la même manière se fait, dans le poumon, le passage du sang de la *veine artérieuse* dans l'*artère veineuse* [2]. On ne pouvait

1. Quod ità per pulmones fiat communicatio et præparatio docet conjunctio varia et communicatio venæ arteriosæ cum arteriâ venosâ in pulmonibus. Confirmat hoc magnitudo insignis venæ arteriosæ, quæ nec talis, nec tanta facta esset, nec tantam à corde ipso vim purissimi sanguinis in pulmones emitteret, ob solum eorum nutrimentum, nec cor pulmonibus hâc ratione serviret, quum præsertim anteà in embryone solerent pulmones ipsi aliundè nutriri... Ergò ad alium usum effunditur sanguis à corde in pulmones horâ ipsâ nativitatis, et tam copiosus. Item à pulmonibus ad cor non simplex aer, sed mixtus sanguine mittitur per arteriam venosam. Ergò in pulmonibus fit mixtio. Flavus ille color à pulmonibus datur sanguini spirituoso, non à corde.

2. Demum paries ille medius, quum sit vasorum et facultatum expers, non est aptus ad communicationem et elaborationem illam... Eodem artificio, quo in hepate fit transfusio à venâ portâ ad venam cavam propter sanguinem, fit etiam

faire un rapprochement qui fût plus exact. Enfin, dit Servet en terminant, et certes il a bien
raison de le dire : si quelqu'un compare ces
choses avec ce qu'a écrit Galien dans ses livres
VI et VII de l'*Usage des parties,* il comprendra
pleinement la vérité, que Galien n'a pas aperçue [1].

De Colombo.

Six ans après Servet, Realdo Colombo, l'un
des meilleurs anatomistes qu'ait eus Padoue
(Padoue qui en a eu tant : Vésale, Colombo,
Fallope, Fabrice d'Acquapendente), Realdo
Colombo découvrait aussi de son côté, et par
lui-même [2], la *circulation pulmonaire.*

Entre les deux ventricules, dit-il, est la cloison par laquelle on pense que le sang du ventricule droit passe dans le gauche....; mais on

in pulmone transfusio à venâ arteriosâ ad arteriam venosam
propter spiritum (ou, plus exactement, propter *sanguinem
spirituosum*).

1. Si quis hæc conferat cum iis quæ scribit Galenus, lib. VI
et VII *De usu partium,* veritatem penitùs intelliget, ab ipso
Galeno non animadversam.

2. Voyez, plus loin (au ive chapitre), ce que je dis sur ce
point-là.

se trompe beaucoup, car le sang est porté par la *veine artérieuse* dans le poumon...., d'où il passe, avec l'air, par l'*artère veineuse* dans le ventricule gauche du cœur; ce que personne encore n'a vu : *quod nemo hactenùs aut animadvertit, aut scriptum reliquit, licet maximè sit ab omnibus animadvertendum* [1].

De Césalpin.

Enfin, Césalpin décrit à son tour, et sans citer Colombo (qu'il n'a sûrement point connu, puisqu'il ne le cite point : le grand mérite est toujours probe), la *circulation pulmonaire,* et, cette fois-ci, ce n'est pas seulement la chose qui paraît, c'est le mot. Césalpin appelle formellement le passage du sang d'un cœur à l'autre par le poumon : *circulation.*

1. Inter hos ventriculos septum adest, per quod ferè omnes existimant sanguini à dextro ventriculo ad sinistrum aditum patefieri ;... sed longà errant vià : nam sanguis per arteriosam venam ad pulmonem fertur, ibique attenuatur; deinde cum aere unà per arteriam venalem ad sinistrum cordis ventriculum defertur : quod nemo hactenus aut animadvertit, aut scriptum reliquit, licet maxime sit ab omnibus animadvertendum. (Realdi Columbi. *De re anatomicâ*, édition de 1572, p. 325.)

A cette *circulation*, dit-il, qui du ventricule droit du cœur porte le sang, par le poumon, dans le ventricule gauche, répond parfaitement la disposition des parties. En effet, chaque ventricule a deux vaisseaux, l'un par lequel le sang arrive, et l'autre par lequel il sort : le vaisseau par lequel le sang arrive dans le ventricule droit est la *veine cave*, le vaisseau par lequel il sort est l'*artère pulmonaire ;* le vaisseau par lequel le sang arrive dans le ventricule gauche est la *veine pulmonaire,* le vaisseau par lequel il sort est l'*aorte* [1]....

La *circulation pulmonaire* était donc trouvée.

1. Huic sanguinis CIRCULATIONI ex dextro cordis ventriculo per pulmones in sinistrum ejusdem ventriculum optimè respondent ea quæ ex dissectione apparent. Nam duo sunt vasa in dextrum ventriculum desinentia, duo etiam in sinistrum. Duorum autem unum intromittit tantum, alterum educit, membranis eo ingenio constitutis. Vas igitur intromittens vena est magna quidem in dextro, quæ cava appellatur; parva autem in sinistro ex pulmone introducens..... Vas autem educens arteria est magna quidem in sinistro, quæ aorta appellatur, parva autem in dextro, ad pulmones derivans... (Andreæ Cæsalpini, *Quæstionum peripateticarum,* lib. V, p. 125, édition des Junte. Venise, 1593.)

De Césalpin et de la circulation générale.

La *circulation pulmonaire* était trouvée ;
mais, jusqu'ici, jusqu'à Césalpin, de la *circulation générale*, de la *circulation du corps*, de
la *circulation* qu'on appelle *grande* par rapport
à la *pulmonaire* qu'on appelle *petite*, de la *circulation générale*, pas un mot.

Galien s'était fait une physiologie très-symé-
trique. Il y avait quatre tempéraments, le *sanguin*, le *pituiteux*, le *bilieux* et l'*atrabilaire;* et
quatre humeurs, le *sang*, la *pituite*, la *bile* et
l'*atrabile*. Il y avait trois *esprits*, le *naturel*, le
vital et l'*animal;* et trois sources de ces *esprits*,
le *foie*, le *cœur* et le *cerveau*.

De plus, le *cerveau* était l'origine de tous les
nerfs; le *cœur*, l'origine de toutes les *artères;*
le *foie*, l'origine de toutes les *veines*.

Les *veines*, nées du *foie*, portaient le sang aux
parties : erreur étrange, et que la plus simple
expérience, je dis plus, que la plus simple attention à une expérience qui se faisait tous les jours,
aurait pu détruire. Car, en effet, on pratiquait
tous les jours la saignée, et tous les jours on

voyait la *veine* se gonfler *au-dessous* et non *au-dessus* de la ligature; le sang allait donc, dans les *veines*, des parties au cœur et non du cœur aux parties.

Il y a, dans Vésale, un chapitre excellent touchant l'utilité des expériences sur les animaux vivants [1]. Vésale dit très-bien que la plus simple expérience sur un animal vivant nous en apprend souvent beaucoup plus, sur bien des choses, que l'étude la plus longue sur l'animal mort. Par exemple, veut-on savoir si les artères contiennent du sang ou de l'air, il n'y a qu'à ouvrir une artère sur un animal vivant, et l'on voit qu'elle contient du sang [2]. Malheureusement, Vésale s'arrête aux *artères;* il ne passe pas aux *veines;* il croit que, par rapport aux *veines*, la simple inspection de l'animal mort suffit « pour montrer qu'elles portent le sang aux parties : *Cæterum in venarum usu inquirendo, vix quoque vivorum sectione opus est, quum in mortuis*

1. Andreæ Vesalii *Op. anat.*, etc., t. I, p. 567.
2. Atque ità levi negotio observatur in arteriis sanguinem naturâ contineri, si quando arteriam in vivis aperimus. (*Ibid.*, p. 568.)

*affatim discamus eas sanguinem per universum
corpus deferre* [1]. »

Césalpin est le premier, le seul avant Harvey,
qui ait fait attention à ce gonflement des *veines*
qui, comme je viens de le dire, a toujours lieu
au-dessous et jamais *au-dessus* de la ligature.
C'est une chose fort curieuse, dit-il, que les
veines s'enflent *au-dessous* de la ligature, et pas
au-dessus. Ceux qui saignent les malades,
ajoute-t-il, font familièrement cette expérience;
ils font toujours la ligature *au-dessus* de l'endroit qu'on doit saigner, et non *au-dessous*:
quià tument venæ ultrà vinculum non citrà;......
ce qui devrait être tout contraire, si le mouvement du sang était du cœur aux parties [2].....

Il dit ailleurs: Le sang, conduit au cœur par
les veines, y reçoit sa dernière perfection; et,

---

1. *Ibid.*, p. 568.

2. Sed illud speculatione dignum videtur, propter quid ex
vinculo intumescunt venæ ultrà locum apprehensum, non
citrà : quod experimento sciunt qui venam secant; vinculum
enim adhibent citrà locum sectionis, non ultrà, quia tument
venæ ultrà vinculum non citrà. Debuisset autem opposito
modo contingere, si motus sanguinis et spiritûs à visceribus
fit in totum corpus... (*Quæstionum medicarum*, lib. II, édition citée p. 234.)

cette perfection acquise, il est porté par les artères dans tout le corps [1]. On ne pouvait mieux
concevoir la circulation générale, ni la mieux
définir dans une phrase aussi courte.

Césalpin avait un esprit d'un ordre supérieur.
Il est le premier, entre les modernes, qui ait vu
la méthode, c'est-à-dire la classification fondée
sur l'organisation. Avant lui, on distribuait les
plantes d'après des caractères extérieurs, d'a-
près leurs noms, leurs prétendues vertus médicales, etc. Dans la *Classification des plantes* de
Césalpin, tous les caractères sont tirés des
plantes mêmes; et, guidé par un tact heureux,
il rencontre d'abord les organes les plus impor-
tants, ceux qui fournissent les meilleurs caractères, les organes de la fructification, les fleurs,
les fruits, les graines. Césalpin a la double gloire
d'avoir été le premier qui nous ait donné une
méthode, et le premier qui nous ait donné l'idée
des *deux circulations.*

1. In animalibus videmus alimentum per venas duci ad
cor tanquam ad officinam caloris insiti, et adeptâ inibi ultimâ perfectione, per arterias in universum corpus distribui,
agente spiritu, qui ex eodem alimento in corde gignitur.
(*De plantis,* Florentiæ, 1583, lib. I, cap. II, p. 3.)

De Fabrice d'Acquapendente.

Fabrice d'Acquapendente a eu aussi deux gloires : il a découvert les *valvules* des veines, et il a été le maître d'Harvey.

Fabrice découvrit les *valvules* des veines en 1574[1]. Il vit très-bien qu'elles sont tournées vers le cœur. Elles s'opposent donc à ce que le sang aille du cœur aux parties dans les *veines*; il y va donc des parties au cœur, à l'inverse de ce qui a lieu dans les *artères*, qui n'ont pas de *valvules*.

Les *valvules* des veines sont la preuve anatomique de la circulation du sang (la preuve qu'il fait circuit, retour, qu'il revient sur lui-même, qu'il *circule*); mais Fabrice ne vit pas cette preuve; il vit le fait, et n'en tira pas la conséquence importante qu'Harvey seul en a su tirer.

1. *Opera omnia anatomica et physiologica.* (Édition d'Albinus.) — *De venarum ostiolis,* p. 150.

De Sarpi.

Ce serait ici le lieu de parler de Sarpi. On lui attribue, tout à la fois, la découverte de la circulation du sang et la découverte des valvules des veines [1].

Pour la circulation, on se fonde sur une page trouvée, après sa mort, dans ses manuscrits par le Père Fulgence. Dans cette page, Sarpi décrivait la circulation, à ce qu'on assure.

Quant aux valvules, c'est Gassendi qui raconte, dans sa *Vie de Peiresc*, que Peiresc lui a dit que la découverte des valvules était due à Sarpi, qui l'avait confiée à Fabrice [2]. Mais Fabrice nous dit positivement que c'est lui-même, Fabrice, qui a découvert les valvules. Elles étaient, dit-il, inconnues avant l'année 1574, où je les ai pour la première fois aperçues avec une grande joie, *summâ cum lætitiâ* [3].....

1. Voyez plus loin (chap. IV), mon opinion développée sur Sarpi.
2. De quibus (*valvulis*) ipse aliquid inaudierat ab Acquapendente, et quarum inventorem primum Sarpium Servitam meminerat. (*Vita Peyreschii*, lib. IV, p. 222.)
3. De his itaque in præsentiâ locuturis, subit primum mi-

4

Fabrice était un homme d'un savoir immense en anatomie, et aussi respectable comme homme que comme savant. Il se plaît à citer ailleurs Sarpi pour quelques observations de celui-ci touchant l'action de la lumière sur la pupille : *Quod arcanum observatum est, et mihi significatum à Rev. Patre Magistro Paulo Veneto, Ordinis ut appellant Servorum theologo, philosophoque insigni, sed mathematicarum disciplinarum, præcipuèque optices, maximè studioso, quem hoc loco honoris gratiá nomino* [1].

Concluons, avec Tiraboschi, que Sarpi peut bien avoir eu quelque part à la découverte de la circulation du sang, mais qu'il serait à désirer qu'on en fournît d'autres preuves [2].

rari quo modo ostiola hæc ad hanc usque ætatem tam priscos quam recentiores anatomicos adeò latuerint, ut non solum nulla prorsus mentio de ipsis facta sit, sed neque aliquis prius hæc viderit quam anno 1574, quo à me summâ cum lætitiâ inter dissecandum observata fuere... (*De venarum Ostiolis* : Hieronymi Fabricii ab Acquapendente *Opera omnia anatomica.* Édition d'Albinus, 1737, p. 150.)

1. *De oculo, visûs organo.* (Édition citée, p. 229.)

2. Io dunque non negherò al Sarpi l' onor di questa scoperta, ma bramerò solamente che se ne possan produrre più certe et più autentiche pruove. (*Storia della letteratura italiana,* t. VII, p. 597.)

De Vassens ou Le Vasseur et d'une citation de M. Portal.

Le Vasseur était disciple de ce Jacques Sylvius ou Dubois, qui fut d'abord le maître et le très-digne maître de Vésale, et qui fut ensuite le plus fougueux de ses adversaires.

Le Vasseur a écrit, en latin, un petit livre qui n'est guère qu'un abrégé de l'anatomie et de la physiologie de Galien. Ce petit livre eut plusieurs éditions; et, dès la première, il fut traduit en français par *maître Jean Canappe, docteur en médecine.*

M. Portal, dans son *Histoire de l'anatomie,* dit que Le Vasseur « en savait presque autant « que nous sur la circulation du sang. » — « De « peur, ajoute-t-il, qu'on ne m'accuse d'avoir « tronqué le texte, je rapporte les propres pa-« roles de l'auteur :

Dextrum ventriculum, qui sanguineus appel-latur, vena cava ingreditur, et vena arteriosa egreditur quæ in pulmonem dispergitur, san-guinem elaboratum conferens..... Sinistro ven-triculo cordis qui caloris nativi fons est, et spi-rituosus appellatur, arteria venosa quæ ex pulmone.... M. Portal s'arrête là, à ces mots *quæ ex pulmone*, et le lecteur, suivant l'impulsion qui lui a été donnée, achève la phrase : *qui du poumon rapporte le sang au cœur;* et par conséquent Le Vasseur « en savait autant que nous sur la circulation. » Mais, point du tout. Le Vasseur ne parle pas du *sang*, il parle de l'*air*.

Voici sa phrase entière, que je cite dans le vieux français de Canappe.

« La veine cave entre dans le dextre ventri-
« cule, lequel est appelé sanguin, et d'icelui
« sort la veine artérieuse, laquelle est dispersée
« et distribuée au poumon, et apporte le sang
« élabouré.... Au senestre ventricule, lequel est
« la fontaine de la chaleur naturelle, et est ap-
« pelé spiritueux, est insérée l'artère veineuse,
« laquelle apporte du poumon »(c'est à ce mot
que s'était arrêté M. Portal), «laquelle apporte
« du poumon l'air au cœur, et évacue les excré-
« ments fuligineux d'icelui [1]..... »

---

1. *L'anatomie du corps humain, premièrement composée en latin par maistre Loys Vassée, et depuis traduite* par maistre Jean Canappe. (Édition de 1554, p. 47.)

D'Harvey.

Lorsque Harvey parut, tout, relativement à la circulation, avait été indiqué ou soupçonné ; rien n'était établi. Rien n'était établi : et cela est si vrai que Fabrice d'Acquapendente, qui vient après Césalpin, et qui découvre les valvules des veines, ne connaît pas la circulation [1]. Césalpin lui-même, qui voit si bien les deux circulations, mêle, à l'idée de la circulation pulmonaire, l'erreur de la cloison percée des ventricules : *Sanguis partim per medium septum, partim per medios pulmones....., ex dextro in sinistrum ventriculum cordis transmittitur* [2]. Servet ne dit

---

1. Il croit que les valvules se bornent à empêcher la trop grande accumulation du sang dans les parties inférieures, accumulation qui aurait le double inconvénient de faire que les parties inférieures recevraient trop de sang et que les supérieures en manqueraient. — Eà ratione, uti opinor, à naturà genitæ, ut sanguinem quadamtenus remorentur, ne confertim, ac fluminis instar, aut ad pedes, aut in manus et digitos universus influat, colligaturque ; duoque incommoda eveniant, tum ut superiores artuum partes alimenti penuriâ laborent, tum vero manus et pedes tumore perpetuo premantur. (*De Venarum ostiolis*, p. 150.)

2. *Quæst. peripatet.* (Lib. V, p. 126.)

rien de la circulation générale. Colombo répète, avec Galien, que les veines naissent du foie [1] « et qu'elles portent le sang aux parties [2]. »

Je conviens, avec Sprengel, que rien n'explique mieux Harvey que « *son éducation à Padoue* [3]. » Sans doute, ce fut une bonne fortune pour Harvey que *son éducation de Padoue;* mais ce fut aussi, si je puis ainsi dire, une bonne fortune pour la circulation que de passer dans les mains d'Harvey, l'homme le plus capable de l'étudier, de l'approfondir, de la comprendre tout entière, de la mettre dans tout son jour.

On reproche beaucoup à Harvey de n'avoir pas cité ses prédécesseurs; mais il cite Fabrice, qui a découvert les valvules, sans en découvrir l'usage [4]; il cite Colombo, celui qui a le mieux

1. Est igitur jecur omnium venarum caput, fons, origo et radix, p. 300.

2. Venæ nihil aliud sunt quam vasa concava... ut sanguinem ad singula membra deferant, fabrefacta, p. 305.

3. Sprengel, *Histoire de la médecine.* Traduction française par Jourdan. Paris, 1815, t. IV, p. 87.

4. Clarissimus Hieronymus Fabricius ab Acquapendente, peritissimus anatomicus et venerabilis senex,..... primus in venis membraneas valvulas delineavit, figurâ sigmoides, vel semilunares portiunculas tunicæ interioris venarum, emi-

combattu l'erreur de la cloison percée des ventricules [1] ; enfin il venait de Padoue, où l'état de
la question était connu de chacun, où tout ce
qui avait été dit sur la circulation était su de
tous.

Le livre d'Harvey est un chef-d'œuvre. Ce
petit livre de cent pages est le plus beau livre de
la physiologie. Harvey commence par les mouvements du cœur ; et, d'abord, il remarque que
l'oreillette et le ventricule de chaque cœur se
contractent successivement. Quand l'oreillette
droite se contracte, le sang passe dans le ven-

---

nentes et tenuissimas... Harum valvularum usum inventor
non est assecutus, nec alii add'derunt ; non est enim ne pondere deorsum sanguis in inferiora totus ruat : sunt namque
in jugularibus deorsum spectantes, et sanguinem sursum
prohibentes ferri : nam ubique spectant à rad cibus venarum
versus cordis locum..... (Gulielmi Harvei *Exercitatio anatomica de motu cordis et sanguinis*, cap. XIII.)

1. Cur non iisdem argumentis, de transitu sanguinis in
adultis per pulmones, fidem similem habent, et cum Columbo,
peritissimo, doctissimoque anatomico, idem asserunt, et cre-
dunt ex amplitudine, et fabricâ vasorum pulmonum? Arteria
enim venosa, et similiter ventriculus, repleti sunt semper
sanguine, quem è venis hùc venisse necesse est, nullâ aliâ
quam per pulmones semitâ, ut et ille, et nos ex ante dictis
et autopsiâ, aliisque argumentis palam esse existimamus.
Cap. VII.)

tricule droit; quand le ventricule droit se contracte, le sang passe dans l'artère pulmonaire;
de l'artère pulmonaire, il passe dans la veine
pulmonaire; de la veine pulmonaire dans l'o-
reillette gauche, qui se contracte et le pousse
dans le ventricule gauche, qui se contracte et
le pousse dans l'aorte, d'où il passe dans toutes
les artères, desquelles il passe aux veines, et,
par les veines, revient au cœur, à l'oreillette
droite, d'où il était parti. Et, à chaque passage
d'une cavité dans l'autre, il y a des valvules,
des membranes, *de petites portes* (*ostiola*,
comme les appelle Fabrice), qui s'*ouvrent* pour
le laisser passer dans un sens, et qui se *ferment*
pour l'empêcher de passer dans le sens opposé.
Les valvules de l'oreillette droite laissent passer
le sang dans le ventricule droit et l'empêchent
de revenir dans l'oreillette; les valvules du ventricule droit le laissent passer dans l'artère pulmonaire et l'empêchent de revenir dans le ventricule; les valvules de l'oreillette gauche le
laissent passer dans le ventricule gauche et
l'empêchent de revenir dans l'oreillette; les
valvules du ventricule gauche le laissent passer

dans l'aorte et l'empêchent de revenir dans le
ventricule ; les valvules des veines le laissent
passer dans les veines et l'empêchent de revenir
dans les artères.

Après le cœur, viennent les artères. Galien
avait dit que les artères doivent leur battement
à une *vertu pulsifique,* qu'elles tirent du cœur
par leurs tuniques. Il avait même fait une expérience pour le prouver, mais il l'avait mal faite.
Il ouvrait une artère, il introduisait un tuyau
par cette ouverture, il liait l'artère par-dessus
le tuyau ; et, comme il serrait trop fort, le
sang ne coulait plus, ou ne coulait plus que
d'un jet faible ; l'artère cessait de battre au-
dessous de la ligature, et Galien concluait que
le battement des artères tient donc à la *vertu
pulsifique* qu'elles tirent du cœur, puisqu'une
simple ligature suffit pour empêcher de battre
toute la portion d'artère qui se trouve séparée
du cœur par la ligature [1].

1. Arteriam unam è magnis et conspicuis quampiam, si
voles, nudabis ; primoque pelle remotâ ipsam ab adjacenti
suppositoque corpore tamdiù separare non graveris quoad
filum circum immittere valeas ; deinde secundum longitu-
dinem arteriam incide, calamumque et concavum et pervium

Harvey n'a pas répété l'expérience de Galien.
Il la croit à peine possible [1]. Elle est trop com-
pliquée. Il s'en tient à une expérience plus
simple. Quand on ouvre une artère, le sang en
sort par jets inégaux, alternativement plus faibles et plus forts; et toujours les plus forts
répondent non à la *systole*, mais à la *diastole*
de l'artère. C'est donc par 'impulsion, par
le choc du sang que l'artère est distendue,
que l'artère bat. Si l'artère se dilatait d'elle-
même, ce n'est pas au moment où elle se dilate

in foramen intrude, vel æneam aliquam fistulam, quo et
vulnus obturetur, et sanguis exilire non possit. Quoadusque
sic se arteriam habere conspicies, ipsam totam pulsare videbis : cum primum verò obductum filum in laqueum con-
trahens arteriæ tunicas calamo obstrinxeris, non amplius
arteriam ultrà laqueum pulsare videbis, e'iamsi spiritus et
sanguis ad arteriam, quæ est ultrà filum, sicuti prius facie-
bat, per concavitatem calami feratur (c'est ici qu'est l'erreur
de fait; *voyez* p. 34, note 1); quod si propterea pulsabant
arteriæ, pulsarent nunc partes quæ sunt ultrà laqueum, sed
non pulsant : igitur perspicuum est, quum moveri posse desinunt, non propter spiritum in concavitatibus discurrentem,
sed ob virtutem in tunicas transmissam, arterias à corde
moveri. (*An sanguis in arteriis naturâ contineatur*, p. 62.)

1. Nec ego feci experimentum Galeni, nec recte posse fieri
vivo corpore ob impetuosi sanguinis ex arteriâ eruptionem
puto..... (*Proœmium*.)

qu'elle pousserait le sang avec plus de force...

A défaut, d'ailleurs, de l'expérience de Galien, Harvey profite d'un cas d'*ossification* de
l'artère crurale qu'il a occasion d'observer. L'artère bat au-dessous de l'*ossification; l'ossification*
n'interrompt donc pas l'effet de la prétendue
vertu pulsifique, ou plutôt, cette prétendue *vertu
pulsifique* n'existe pas : le battement des artères n'est dû qu'au seul mouvement du sang,
qu'au seul effort du sang contre les parois de
l'artère [1].

1. ..... Sed et in arteriotomiâ et vulneribus contrarium manifestum est. Sanguis enim saliendo ab arteriis profunditur
cum impetu, modo longius, modo propius vicissim prosi-
liendo, et saltus semper est in arteriæ diastole et non in systole. Quo clare apparet impulsu sanguinis arteriam distendi.
Ipsa enim dum distenditur, non potest sanguinem tantâ vi
projicere..... (*Ibid.*)

2. Sed quo clarius, quod in dubio est appareat, pulsificam
vim non per arteriarum tunicas à corde manare, habeo, è
nobilissimi viri cadavere, arteriæ descendentis portionem,
cum duobus cruralibus ramis spithamæ longitudine, exem-
tam, in os fistulosum conversam; per cujus cavum, dum
vivebat nobilissimus vir, descendens arteriosus sanguis in
pedes subditas arterias suo impulsu agitabat : in quo tamen
casu arteria idem passa, tanquam si super canaliculum fistulosum constricta et ligata foret secundum Galeni experimentum) ut neque dilatari, eò loci, neque arctari ut follis
neque vim pulsificam à corde inferioribus et subditis arteriis

Des artères, Harvey passe aux veines; et c'est là qu'il tire de leurs *valvules* tout le parti que j'ai déjà dit, savoir, que les valvules ne

communicare, aut per soliditatem ossis deducere facultatem, quam non susceperat, potuerit. Nihilominus inferioris arteriæ pulsum agitari in cruribus et pedibus optime memini, dum vivebat, me sæpissime observasse..... Quare in illo nobilis·simo viro necesse inferiores arterias ab impulsu sanguinis, ut *utres*, dilatatas fuisse, non ut *folles* (allusion aux expressions mêmes de Galien, qui disait que les artères ne se *dilatent* pas, parce qu'elles *s'emplissent* comme des *outres*, mais qu'elles *s'emplissent* parce qu'elles se *dilatent* comme des *soufflets*) ab expansione tunicarum..... (*Exercitatio altera ad J. Riolanum.*) — Mais ce n'est pas tout. J'ai répété l'expérience de Galien. Loin d'être *à peine possible*, comme le croyait Harvey, elle n'est pas même très-difficile. J'ai ouvert l'aorte sur un mouton; j'ai introduit un tuyau de plume par cette ouverture; j'ai lié l'artère par-dessus le tuyau; je me suis bien assuré que le sang continuait à couler par le tuyau (ce qui, certainement, n'avait pas lieu dans l'expérience de Galien, soit qu'il eût trop serré, soit que le tuyau se fût bouché, ou du moins n'avait plus lieu que d'une manière très-imparfaite); et le sang continuant à couler, l'artère a continué de battre *au-dessous* comme *au-dessus* de la ligature. La prétendue *faculté pulsifique* de Galien n'est donc qu'un vain mot. C'est le sang qui *distend* l'artère, et c'est parce que l'artère est *distendue* qu'elle bat. (Voyez mes expériences sur le *battement ou mouvement des artères*, dans mes *Recherches expérimentales sur les propriétés et les fonctions du système nerveux*, etc., seconde édition, Paris, 1842, chap. XXII, p. 368.)

permettent au sang qu'un seul mouvement, le mouvement qui est dans le sens des valvules, le mouvement qui le porte des parties au cœur.

Enfin, Harvey vient à ses expériences. Il en a fait peu, mais elles sont décisives. C'est là le génie.

Quand on lie légèrement un membre, le sang ne s'arrête que dans les veines, parce que les veines seules sont superficielles. Quand on le lie plus fortement, le sang s'arrête aussi dans les artères, qui sont profondes.

Quand on lie une veine, le gonflement se fait *au-dessous* de la ligature; quand on lie une artère, il se fait *au-dessus;* le sang marche donc en sens inverse dans les veines et dans les artères : il va des parties au cœur dans les veines, il va du cœur aux parties dans les artères [1].

---

[1] Dans mes leçons au *Jardin des Plantes*, pour simuler, sous les yeux de mes élèves, le passage du sang des artères dans les veines, je fais l'expérience suivante :

Je fais ouvrir, sur un chien mort, l'artère et la veine crurales. On insère ensuite une canule dans le bout ouvert de l'artère, et on pousse de l'eau au moyen d'une seringue.

Au bout de très-peu d'instants, l'eau, injectée par l'artère, revient par la veine. C'est l'image complète de la circulation.

Quand on ouvre une artère quelconque, et qu'on laisse couler le sang, tout le sang sort par cette ouverture; donc toutes les parties de l'appareil circulatoire communiquent entre elles : le cœur, les artères, les veines.

Et si l'on songe, en effet, à la prodigieuse rapidité de la marche du sang, on verra bien vite qu'il faut nécessairement qu'il en soit ainsi; car, à peine le sang entre-t-il dans le cœur qu'il en sort pour passer aux artères; à peine est-il dans les artères qu'il en sort pour passer aux veines; à peine est-il dans les veines qu'il passe au cœur; il passe donc continuellement du cœur aux artères, des artères aux veines, des veines au cœur : ce mouvement, ce *retour* continuel est la *circulation*.

De la découverte de la circulation du sang date la physiologie moderne. Cette découverte marque l'avénement des modernes dans la science. Jusqu'alors ils avaient suivi les anciens. Ils osèrent marcher d'eux-mêmes. Harvey venait de découvrir le plus beau phénomène de l'économie animale. L'antiquité n'avait pu s'élever jusque-là. Que devenait donc la parole du maî-

tre? L'autorité se déplaçait. Il ne fallait plus
jurer par Galien et par Aristote : il fallait jurer
par Harvey.

Je raconterai, plus loin [1], le ridicule entête-
ment que la Faculté mit à repousser la circulation, les mauvais raisonnements de Riolan, les
plaisanteries inopportunes de Gui-Patin. Ce tort
ne fut le tort que de la Faculté; il ne fut pas
celui de la nation. Molière se moquait de Gui-
Patin; Boileau se moquait de la Faculté [2]. Avant
Molière et Boileau, le plus grand des grands modernes, Descartes, avait proclamé la circulation :
« Mais si on demande comment le sang des vei-
« nes ne s'épuise point, en coulant ainsi con-
« tinuellement dans le cœur, et comment les
« artères n'en sont point trop remplies, puisque
« tout celui qui passe par le cœur va s'y rendre,
« je n'ai pas besoin de répondre autre chose
« que ce qui a déjà été écrit par un médecin
« d'Angleterre, auquel il faut donner la louange
« d'avoir rompu la glace en cet endroit, et
« d'être le premier qui a enseigné qu'il y a plu-

---

1. Voyez les vi{e} et viie chapitres sur *Gui-Patin*.
2. Voyez l'*Arrêt burlesque*.

« sieurs petits passages aux extrémités des ar-
« tères, par où le sang qu'elles reçoivent du
« cœur entre dans les petites branches des vei-
« nes, d'où il va se rendre derechef vers le
« cœur; en sorte que son cours n'est autre chose
« qu'une circulation perpétuelle[1]. »

Après Descartes, il faut citer Dionis.

Tandis que la Faculté repoussait la circulation, Dionis l'enseignait au Jardin du Roi : « Je
« fus choisi pour démontrer, dit Dionis, dans
« son Épître dédicatoire à Louis XIV, à votre
« Jardin royal la circulation du sang et les nou-
« velles découvertes, et je m'acquittai de cet
« emploi avec toute l'ardeur et toute l'exacti-
« tude qui sont dues aux ordres de Votre Ma-
« jesté[2].... » Ces paroles honorent la mémoire
de Louis XIV.

Ainsi, d'une part, la France consacrait une
chaire à l'enseignement de la circulation, et, de
l'autre, comme nous le verrons bientôt[3], un
Français, Jean Pecquet, complétait cette grande

1. *Discours de la méthode*. Édition de M. Cousin, p. 179.
2. *L'anatomie de l'homme suivant la circulation du sang*, etc.
3. Au iiie chapitre.

découverte par la découverte du *réservoir du chyle.*

Je viens d'exposer ce qui appartient à Harvey dans la découverte de la circulation du sang ; mais je n'ai parlé que de la *circulation de l'adulte :* il reste à voir ce qui lui appartient dans la découverte de la *circulation du fœtus.* Ce sera l'objet du chapitre suivant.

II

De Duverney et de la circulation du fœtus.

J'ai étudié, dans le précédent chapitre, ce qui regarde la découverte de la *circulation de l'adulte* : je vais étudier, dans celui-ci, ce qui regarde la découverte de la *circulation du fœtus*.

Le cœur du *fœtus* n'est point fait comme celui de l'*adulte*.

Dans l'*adulte*, les deux cœurs sont complétement séparés. Une cloison solide, pleine, entière (comme l'est toujours celle des deux ventricules), sépare les deux oreillettes ; et les deux grandes artères, la grande artère de la circulation pulmonaire et la grande artère de la circulation générale, l'*artère pulmonaire* et l'*aorte*, ne communiquent point ensemble.

Dans le *fœtus*, c'est tout le contraire. La cloison des deux oreillettes est percée d'un trou, qui est ce que nous appelons aujourd'hui le *trou ovale;* et les deux grandes artères, l'*artère pulmonaire* et l'*aorte*, sont réunies par un canal, qui est ce que nous appelons aujourd'hui le *canal artériel*.

Quel peut être l'usage de cette nouvelle structure?

Mais, d'abord, remarquons bien qu'il y a ici deux choses : la structure et l'usage. Galien a vu la structure, et c'est Harvey qui a vu l'usage.

De Galien.

Dans le fœtus, dit Galien, la *veine cave* s'ouvre dans l'*artère veineuse* (la *veine pulmonaire*)[1]. De même, la *veine artérieuse* et la *grande artère* (l'*artère pulmonaire* et l'*aorte*) sont unies par un troisième vaisseau que la nature a fait exprès pour cette union[2]. Et comme les deux premiers vaisseaux, la *veine cave* et

1. « In fœtibus vena cava in arteriam venosam est pertusa.» (*De usu partium*, lib. XV, p. 212.)

2. « Verùm cùm hæc vasa inter se aliquantum distarent, « aliud tertium vas exiguum, quod utrumque conjungeret, « natura effecit. » (*Ibid.*)

l'*artère veineuse*, se touchent, la nature a percé
un trou qui leur est commun; et, à ce trou,
elle a appliqué une membrane, laquelle cède
facilement au sang qui va de la *veine cave* à
l'*artère veineuse*, et résiste, s'oppose, au contraire, au retour du sang de l'*artère veineuse*
dans la *veine cave*[1].

Toutes ces choses sont admirables, ajoute
Galien : ce qui est plus admirable encore, c'est
que, peu de jours après la naissance, le trou
qui est entre la *veine cave* et l'*artère veineuse* se
ferme; le canal qui unit la *veine artérieuse* à la
grande artère s'oblitère; et qui voudrait, plus
tard, rechercher ces communications premières,
ne les retrouverait plus, et même, pour l'une
d'elles, pour le trou commun de la *veine cave*
et de l'*artère veineuse*, il n'en trouverait plus
la trace[2].

1. « In reliquis verò duobus, cùm hæc mutuò sese contin
« gerent, velut foramen quoddam utrique commune per-
« tudit : tum membranam quamdam in eo, instar operculi,
« est machinata, quæ ad pulmonis vas facilè resupinaretur,
« quò sanguini à venâ cavâ cum impetu affluenti cederet
« quidem, prohiberet autem ne sanguis rursum in venam
« cavam reverteretur. » (*De usu partium*, p. 212.)
2. « Hæc quidem omnia naturæ opera sunt admiranda :

Et qu'on ne croie pas, continue Galien, qu'il s'agisse ici de communications, d'ouvertures petites, peu visibles, douteuses, il s'agit d'ouvertures larges, évidentes, patentes, qu'on ne peut nier, qu'on nie pourtant ; mais à ceux qui les nient, je répondrai, s'ils ont des yeux, que je les leur ferai voir, et, s'ils n'ont pas des yeux, s'ils sont aveugles, ils ont du moins des mains, je les leur ferai toucher [1].

« superat verò omnem admirationem prædicti foraminis,
« haud ità multò post, conglutinatio. Etenim, quamprimum
« animans in lucem est editum,... membranam, quæ est ad
« foramen, coalescentem reperias, nondum tamen coaluisse;
« cùm autem animal perfectum fuerit, ætateque jam flo-
« ruerit, si locum hunc ad unguem densatum inspexeris,
« negabis fuisse aliquando tempus in quo fuerit pertusus...
« Pari modo id vas, quod magnam arteriam venæ quæ fertur
« ad pulmonem connectit, cùm aliæ omnes animalis parti-
« culæ augeantur, non modo non augetur, verùm etiam
« tenuis semper effici conspicitur, adeò ut, tempore proce-
« dente, penitùs tabescat, atque exsiccetur. » (*De usu par-*
tium, p. 212.)

1. « ..... Et ego iis, qui nos ità insectantur, si modò oculos
« habent, ostendam magnæ arteriæ propaginem, et venæ
« cavæ orificium,... sin verò sunt cæci, vasa in manus sibi
« imposita contrectare jubebo; nam neque exiguum eorum
« utrumque, neque vulgare est, sed amplum admodum,
« commemorabilemque intrà sese habet meatum, quem non
« solum is qui oculos habet non ignoraverit, sed ne is qui-

Les anatomistes du temps de Galien ressemblaient fort aux anatomistes de tous les temps, toujours lents à observer et toujours prompts à accuser ceux qui observent de se tromper. Galien les compare à cet homme qui, comptant ses ânes, et oubliant celui sur lequel il était monté, accusait ses voisins de le lui avoir volé[1]. Les anatomistes font comme cet homme : ils oublient toujours, dans leur compte, l'erreur sur laquelle *ils sont montés*.

Des premiers anatomistes modernes, et d'abord de Vésale et de Fallope.

Entre les anatomistes modernes, Fallope est le premier qui ait vu le *canal artériel*, et Vésale le premier qui ait vu le *trou ovale*. Ces deux grands hommes ont eu bien des occasions de se rencontrer[2] : tous deux créaient l'anatomie mo-

« dem cui tangendi erit potestas, si solùm ad anatomen velit « accedere. » (*De usu partium*, lib. VI, p. 156.)

1. « Quibus idem accidit quod illi, qui, cùm reliquos « asinos, prætermisso eo cui ipse insidebat numerasset, suos « vicinos, quòd eum asinum essent furati postmodum accu- « sabat. » (*De usu partium*, p. 156.)

2. Vésale a écrit un *Examen des Observations* de Fallope, et les *Observations* de Fallope sont, par le fait, un examen continuel de l'*Anatomie* de Vésale.

derne ; ils avaient tous deux le génie de l'observation porté au plus haut degré ; et tous deux
aussi avaient beaucoup d'esprit.

Fallope, écrivant après Vésale, s'étonne que
cette *portion de canal* ou *d'artère*, qui unit la
veine artérieuse à *l'aorte*, ait pu se dérober si
longtemps à l'attention des anatomistes, et de
Vésale par conséquent ; d'autant que, dans le
fœtus, le canal est très-largement ouvert, que,
bien qu'oblitéré plus tard, il forme néanmoins
un corps très-épais, et, enfin, que Galien en a
parlé, quoique, à la vérité, en très-peu de
mots : *verbis paucissimis tamen*[1].

Vous vous étonnez, lui répond Vésale, que
les anatomistes ne fassent aucune mention du
canal qui unit la *veine artérieuse* à la *grande*

---

1. « In arteriarum historiâ illud in memoriam venit, quod
« non levem admirationem excitat : Primò quâ ratione factum
« sit, quod anatomici ferè omnes tam negligenter obser-
« varint partem illam canalis vel arteriæ, quâ jungitur
« vena arterialis circà basim cordis ipsi aortæ ; cùm in fœtu
« tam aperta pateat, tantusque sit aditus ab aortâ ad venam
« arterialem... Secundò quià à Galeno in decimo quinto *De*
« *usu partium*, cap. sexto, aliquot (paucissimis tamen)
« verbis designatur. » (Gabrielis Fallopii *Observationes*
anatomicæ : dans l'édition des *Œuvres de Vésale*, déjà
citée, t. II, p. 730.)

artère; et, à ce sujet, vous citez un passage de
Galien, tiré du livre XV de l'*Usage des parties.*
Mon cher Fallope, ce passage ne m'a point
échappé, et bien moins encore celui-ci du livre VI, dont j'admire que vous ne vous soyez
pas souvenu, et où Galien, de même que dans
le passage du livre XV, parle non-seulement de
cette communication, mais d'une autre placée
entre l'*artère veineuse* et la *veine cave,* et cela,
pour peu du moins qu'on veuille bien y appli-
quer son esprit, ouvertement et fort amplement :
apertè et satis prolixè [1].

Vésale convient, d'ailleurs, que, s'étant assez
peu arrêté, d'abord, aux ramifications des gros
vaisseaux, il n'avait pas remarqué le *canal ar-*
tériel. Mais, depuis, il est revenu au cœur du

---

1. « Cæterùm (ut ad te redeam) miraris plurimum ana-
« tomicos nullam fecisse mentionem unionis mutuæque aper-
« tionis venæ arterialis ad magnam arteriam, Galeniquc
« locum ex decimo quinto *De usu partium* adducis. Mi Fal-
« lopi, hic locus me non latuit, ac multò minus is, cujus
« miror hìc te non meminisse, et quo in sexto *De usu par-*
« *tium,* Galenus, perindè ac in decimo quinto, non tantum
« hanc unionem, verùm et illam, quæ arteriæ venali cum
« cavâ venâ obtigit, satis prolixè et (si quis animum sedulò
« intendit) apertè commemorat. » (Andreæ Vesalii *Opera.*
T. II, p. 798.)

fœtus; il l'a ouvert, et aussitôt le *trou ovale* lui
a manifestement apparu [1]. Il indique la forme
ovale de ce grand trou : *ovatá præditum effi-
gie* [2]. Il étudie le *canal artériel;* il l'ouvre [3] ; et,
toujours les yeux fixés sur le passage de Galien [4]
il admire la manière lumineuse dont Galien en
a parlé : *miratus fui, quamobrem Galenus hìc
tam dilucidè vasis privatim meminit, quo vena
arterialis in magnam arteriam pertinet* [5].

D'Arantius et de Carcanus.

Arantius était élève de Vésale; Carcanus était
élève de Fallope. A peine Vésale et Fallope
venaient-ils de jeter, avec tant d'éclat, les pre-

1. « At quum propagines quasdam, ut veluti vasa quædam
« ex uno vase in aliud producta, extra magnorum vasorum
« cavitates parum rectè pervestigarem, illam unionem non
« reperi.... Mox in fœtu, venæ cavæ caudicem,... longà sec-
« tioue secundum rectitudinem aperui. Hìc sese tum nihil
« manifestius mihi obtulit quam maximum venæ cavæ in
« venalem arteriam pertinens foramen... » (T. II, p. 798.)

2. *Ibid.*

3. « Pari artificio, venæ arterialis caudicem... longâ etiam
« sectione patefcci, caudicisque illius cum magnâ arteriâ
« unionem et mutuum foramen observavi. » (*Ibid.*)

4. « Sedulò Galeni locis rursus perlectis. » (*Ibid.*)

5. *Ibid.*

6.

mières bases de l'anatomie de l'adulte, qu'Arantius et Carcanus commençaient déjà l'anatomie
du fœtus.

Arantius, dans son livre sur le *fœtus humain*,
nous avertit, tout de suite, qu'il ne se propose
que de rendre plus clair, en le complétant, ce
que Galien a si bien dit des vaisseaux du cœur
du fœtus : *quod Galenus optimè declaravit* [1].
Carcanus s'exprime comme Arantius [2].

Voilà donc, me direz-vous, un concert d'hom-
mages bien remarquable : Vésale et Fallope
disputent à qui proclamera plus haut la découverte de Galien ; Arantius et Carcanus partagent
cette grande admiration et la continuent.

Assurément si, après cela, il prend jamais
envie aux anatomistes de donner le nom d'un
homme à l'une de ces deux choses, le *trou ovale*
ou le *trou artériel*, au *trou ovale*, par exemple,

1. « Quòd cordis vasa, aorta scilicet venæ arteriali, et vena
« cava arteriæ venali, conjugantur, Galenus optimè decla-
« ravit,... sed cùm ab ipso non ità perspicuè descripta fue-
« rint, ut facilè à minus exercitatis intelligi possent, ad ejus
« sententiæ explicationem pauca quædam addere constitui. »
(*De humano fœtu*, édition de 1595, p. 37.)

2. *De vasorum cordis in fœtu unione.* (*Carcani Anatomiæ
libri duo*, etc., 1574.)

ce sera le nom de Galien qu'on lui donnera ; on l'appellera le *trou Galien*.

Point du tout, on l'appelle le *trou Botal*.

De Botal.

Botal n'était pas précisément un anatomiste. C'était un très-hardi médecin, qui, arrivant à Paris [1] dans un moment où la Faculté abusait des purgatifs, ne pouvait guère manquer de faire impression, car il abusait de la saignée [2] ; la Faculté purgeait ses malades à outrance, il saigna les siens sans pitié ; la Faculté se fâcha [3], Botal tint bon : depuis Botal jusqu'à Broussais, tous ceux qui ont tenu bon contre la Faculté sont promptement devenus célèbres.

Botal, disséquant un jour un cadavre sur lequel, ce qui a lieu quelquefois, le *trou ovale* était resté ouvert, vit ce trou, et s'imagina qu'il venait de faire la plus grande découverte qui pût être faite.

1. Botal était d'Asti en Piémont.
2. Voyez son traité *De curatione per sanguinis missionem*.
3. On écrivit beaucoup alors de part et d'autre sur la saignée ; et cette lutte même fut très-utile.

Il y a quelque temps, dit-il, que, méditant
sur le dissentiment qui règne entre Galien et Colombo touchant la route que suit le sang à travers le cœur, Galien soutenant qu'il passe par
les *trous de la cloison mitoyenne* et Colombo
par l'*artère veineuse*, j'ouvris un cœur, et tout
aussitôt j'aperçus un conduit très-large, allant
directement de l'oreillette droite dans l'oreillette
gauche, lequel conduit, ou veine, peut à bon
droit être nommé la *veine nourricière des artères*, car c'est par elle que le *sang artériel* se rend
dans le ventricule gauche, et de là dans toutes
les artères, et non par la *cloison* ou par l'*artère
veineuse*, comme Galien et Colombo l'avaient
pensé [1].

1. « Diebus iis proximè peractis, cùm Galenum atque Co-
« lumbum dissentire viderem de viâ, quâ in cor sanguis,
« qui per arterias vagatur, fertur, asserente Galeno hunc in
« cor transfundi per parva foraminula cordis septo insita,
« Columbo vero per alia » (Colombo ne dit pas *per alia*, mais
per arteriosam venam; et il dit bien : Botal ne s'aperçoit
même pas combien ici l'exactitude importe. *Voy.* ch. Ier,
p. 30) « ad arteriam venosam, cor dividere occœpi, ubi...
« satis conspicuum reperi ductum, juxtà auriculam dextram,
« qui statim in sinistram aurem recto tramite fertur; qui
« ductus, vel vena, jure arteriarum..... nutrix dici potest,
« ob id quod per hanc feratur *sanguis arterialis* in cordis

Botal se trompe ici sur tout : d'abord, le sang qui passe, par le *trou ovale*, de l'oreillette droite dans l'oreillette gauche, n'est pas le *sang artériel*, c'est le *sang veineux;* la prétendue *veine* ne peut donc être dite, à aucun titre, la *veine nourricière des artères;* en second lieu, ce *trou* n'existe pas dans l'adulte ou n'y existe que par exception ; ce *trou* est un caractère d'organisation fœtale, et seul, entre tous ceux qui en ont parlé, Botal ne l'a pas compris ; enfin, Botal nous dit que ce *trou*, ce *conduit* (cette *veine*, comme il l'appelle), n'avait été vu par personne avant lui : *à nullo anteà notata* [1]; et le *trou ovale* avait été vu, décrit, admirablement décrit, par Galien, par Vésale, par Arantius et par Carcanus.

« sinistrum ventriculum, et consequenter in omnes arterias,
« non autem per septum, vel venosam arteriam, ut Galenus
« vel Columbus putaverunt. » (Botalli *Opera omnia*, édition
de Van Horne, 1660, p. 66.)

1. « *Vena arteriarum nutrix, à nullo anteà notata :* » tel
est le titre même sous lequel Botal a publié sa prétendue découverte.

De l'usage du canal artériel et du trou ovale.

Galien se demande quel est l'usage du *canal artériel* et du *trou ovale ;* et voici comment il répond.

Mais cette réponse est toute une théorie, et très-compliquée, très-fine, surtout très-suivie, ce qui est le cachet des grands maîtres. On n'explique pas Galien par morceaux. Dans ses théories, il faut se résoudre à entendre tout, ou se résoudre à ne rien entendre.

Ici, par exemple, l'idée qu'il se fait de l'usage du *canal artériel* et du *trou ovale* tient à l'idée qu'il s'était faite de l'usage des veines et des artères ; l'idée qu'il s'était faite de l'usage des veines et des artères tient à l'idée qu'il s'était faite de l'usage des deux espèces de sang, le *sang spiritueux* et le *sang veineux ;* et l'idée qu'il s'était faite de l'usage de ces deux sangs, à l'idée qu'il se faisait de la nature des organes, dont les uns voulaient plus de *sang veineux* que de *sang spiritueux*, et les autres plus de *sang spiritueux* que de *sang veineux*.

Le poumon veut plus de *sang spiritueux* que

de *sang veineux* : tous les autres organes, moins
délicats, moins légers, veulent plus de *sang
veineux* que de *sang spiritueux* [1]. Le sang spiritueux, plus subtil, est contenu dans les artères,
dont les tuniques sont denses ; le *sang veineux*,
plus épais, est contenu dans les veines, dont les
tuniques sont minces.

Aussi tous les organes qui veulent plus de
sang veineux que de *sang spiritueux* (c'est-à-
dire tous les organes, moins le poumon), reçoi-
vent-ils le *sang spiritueux* par les artères dont
les tuniques denses n'en laissent passer que la
partie la plus subtile, que l'*esprit* [2], et le *sang
veineux* par les veines·dont les tuniques minces
laissent passer le sang tout entier [3].

1. ..... Pulmonis corpus leve est, ac rarum, et velut ex
spumâ quâdam sanguineâ concretâ conflatum, ob eamque
causam puro sanguine, et vaporoso, ac tenui indiguit, non
autem, quomodo jecur, limoso et crasso. (*De usu partium*,
p. 151.)

2. ..... Nihil nisi tenuissimum sinit elabi. (*De usu partium*, p. 151.)

3. ..... Quod ergò satius fuit in toto animalis corpore sanguinem quidem tenui ac rarà, spiritum verò crassâ ac densâ
concludi tunicâ, longâ egere ratione non arbitror : satis enim
puto esse substantiæ utriusque rationem ac differentiam
obiter indicare ; quod scilicet sanguis quidem crassus est,

Au contraire, le poumon, qui veut beaucoup de *sang spiritueux* et peu de *sang veineux*, reçoit le *sang spiritueux* par une veine (ou, pour parler comme Galien, par une artère qui a les tuniques d'une veine, l'*artère veineuse*), et le sang veineux par une artère (ou, pour parler toujours comme Galien, par une veine qui a les tuniques d'une artère, la *veine artérieuse*).

Voilà pour l'adulte. Passons au fœtus.

C'est le *sang spiritueux* qui donne au poumon de l'adulte ce tissu fin, délicat, mobile, que l'on dirait fait de l'*écume du sang* : *velut ex quâdam sanguineâ concretâ spumâ conflatum* [1].

Mais le poumon n'a besoin de ce tissu *privilégié* [2], qu'après la naissance. Dès la naissance, il se meut. Avant la naissance, il est immobile.

gravis, ægreque mobilis, spiritus vero tenuis, et levis, et citus; quodque periculum erat ne hic expiraret repentè, atque evolaret ab animali, nisi crassis, et densis, atque undique constrictis asservatus fuisset tunicis, atque coercitus : contrà verò in sanguine, nisi tenuis et rara fuisset quæ ipsum continet tunica, non facilè circumfusis partibus distribueretur... (*Ibid.*, p. *id.*)

1. *De usu partium*, p. 151.

2. « ..... Constructionem ipsius fecerit *eximiam* præter re-« liquas omnes animalis partes. » (*De usu partium*, p. 151.)

Il n'a donc besoin alors que du même tissu, que du même sang que les autres organes : aussi est-il alors épais, grossier, rouge comme eux ; et, comme eux aussi, par un changement singulier, reçoit-il alors plus de *sang veineux* que de *sang spiritueux* [1]. Comment un tel changement a-t-il pu se faire ? Il s'est fait, parce qu'il y a deux communications, deux ouvertures dans le fœtus, qui ne sont pas dans l'adulte : le *canal artériel* et le *trou qvale*.

Le *canal artériel* et le *trou ovale* changent tout, par rapport au poumon, dans le cours du sang du fœtus.

Dans l'adulte, l'*artère veineuse* porte au pou-

---

1. « At cur pulmo in iis, qui adhuc utero geruntur, est « ruber, non autem, ut in perfectis animalibus, subalbus ? « quià tunc nutritur (quemadmodum reliqua viscera) per « vasa unicam tunicam, et eam tenuem habentia ; ad ea nam « ex venâ cavâ sanguis pervenit, quo tempore fœtus utero « gestatur : in natis verò occæcatur quidem vasorum perfo- « ratio,... quin etiam pulmo tunc motu perpetuo agitatur,... « æquum est igitur hìc quoque naturam admirari, quæ cùm « viscus augeri duntaxat oporteret, sanguinem purum ei « suppeditabat ; cùm verò ad motum fuit translatum, car- « nem levem fecit... ob eam igitur causam in fœtibus vena « cava in arteriam venosam est pertusa. » (*De usu partium*, p. 212.)

mon le *sang spiritueux* qu'elle a reçu du ventricule gauche (ventricule où l'esprit se forme);
dans le fœtus, l'*artère veineuse* porte au poumon
le *sang veineux* qu'elle reçoit immédiatement de
la *veine cave* par le *trou ovale*.

Dans l'adulte, la *veine artérieuse* porte au
poumon le *sang veineux* qu'elle a reçu de la
veine cave ; dans le fœtus, la *veine artérieuse*
porte au poumon le *sang spiritueux* qu'elle reçoit de l'*aorte* par le *canal artériel*.

Entre le fœtus et l'adulte, tout est donc opposé.

Dans l'adulte, le poumon reçoit beaucoup de
sang spiritueux et peu de *sang veineux ;* il reçoit,
dans le fœtus, beaucoup de *sang veineux* et peu
de *sang spiritueux ;* dans l'adulte, le *sang spiritueux* arrive au poumon par l'*artère veineuse*,
il lui arrive, dans le fœtus, par la *veine artérieuse ;* dans l'adulte, le *sang veineux* arrivait
par la *veine artérieuse*, il arrive par l'*artère veineuse*, dans le fœtus ; et l'effet du *canal artériel*
et du *trou ovale* est précisément d'intervertir,
de changer ainsi le rôle de ces deux vaisseaux,
donnant à l'*artère veineuse* le rôle de la *veine*

artérieuse et à la *veine artérieuse* le rôle de
l'*artère veineuse*.

D'Harvey.

Galien suppose que le sang passe par le *trou
ovale*, pour aller de l'oreillette droite dans l'o-
reillette gauche, de l'oreillette gauche dans la
veine pulmonaire, et de la veine pulmonaire
dans le poumon. Non : le sang passe par le *trou
ovale* pour aller de l'oreillette droite dans l'o-
reillette gauche, de l'oreillette gauche dans le
ventricule gauche, du ventricule gauche dans
l'aorte, et de l'aorte dans toutes les parties, en
échappant au passage par le poumon. Galien
suppose que le sang va, par le *canal artériel*,
de l'aorte dans l'artère pulmonaire, et de l'artère pulmonaire dans le poumon : non, il va,
par le *canal artériel*, de l'artère pulmonaire
dans l'aorte, et de l'aorte dans toutes les parties,
en échappant encore au passage par le poumon.
En un mot, le *trou ovale* et le *canal artériel* ne
sont pas faits pour que le sang aille au poumon,
dans le fœtus, par une autre route que dans l'a-

dulte, comme le croyait Galien ; ils sont faits pour qu'il n'y aille pas du tout.

Dans l'adulte, il y a deux circulations : la *pulmonaire* et la *générale* ; dans le fœtus, il n'y en a qu'une, la *générale*. Tout, dans l'adulte, est disposé pour qu'il y ait deux circulations, car ni les deux cœurs, ni les deux grandes artères ne communiquent ensemble ; et tout, dans le fœtus, est disposé pour qu'il n'y en ait qu'une, car les deux cœurs (c'est-à-dire les deux oreillettes) communiquent ensemble par le *trou ovale,* et les deux grandes artères par le *canal artériel.*

Dans l'adulte, les deux cœurs étant complétement séparés, le sang ne peut aller d'un cœur à l'autre qu'en passant par le poumon ; et c'est ce qui fait que l'adulte a une *circulation pulmonaire :* dans le fœtus, où les deux cœurs sont unis, le sang va de l'un à l'autre directement par le *trou ovale*[1] ; et c'est ce qui fait que le fœtus n'a pas de *circulation pulmonaire.*

Le grand point, dans l'adulte, est que le sang

---

1. Et directement aussi de l'*artère pulmonaire* à l'*aorte* par le *canal artériel.*

aille au poumon, parce que c'est par le poumon que l'adulte respire ; le grand point, dans le fœtus, est qu'il n'y aille pas, parce que ce n'est pas par le poumon que le fœtus respire.

Le fœtus respire par un autre organe [1].

Le poumon du fœtus ne respire pas, ne se dilate pas, il ne peut donc recevoir le sang de la *circulation générale* ; et, comme l'a si bien vu Harvey, l'homme du monde le plus ingénieux à tirer parti des *structures* pour arriver à la découverte des *usages*, grâce au *canal artériel* et au *trou ovale*, il ne le reçoit pas [2].

1. Par les vaisseaux du *placenta* dans les vivipares ; par les vaisseaux de l'*allantoïde* dans les ovipares.

2. « Ex quibus intelligitur in embryone humano,... id
« ipsum accidere, ut cor suo motu, per patentissimas vias
« sanguinem de venâ cavâ in arteriam magnam apertissimè
« traducat, per utriusque ventriculi ductum. Dexter si qui-
« dem sanguinem ab auriculâ recipiens, indè per venam
« arteriosam, et propaginem suam (canalem arteriosum
« dictam) in magnam arteriam propellit. Sinister similiter
« eodem tempore, mediante auriculæ motu, recipit sangui-
« nem (in illam sinistram auriculam deductum scilicet per
« foramen ovale è venâ cavâ), et tensione suâ, et constric-
« tione per radicem aortæ in magnam itidem arteriam simul
« impellit... Ità in embryonibus, dum pulmones otiantur,
« et nullam actionem aut motum habent, quasi nulli forent,
« natura duobus ventriculis cordis quasi uno utitur, ad san-

7

De Duverney et de Méry.

Le livre d'Harvey avait paru en 1628. En
1699, plus d'un demi-siècle plus tard, et lorsque toutes les idées de ce grand homme, tant sur
la circulation de l'adulte que sur la circulation
du fœtus, étaient adoptées, et depuis un certain
temps adoptées, il s'éleva tout à coup dans notre
Académie une discussion fort vive touchant la
marche que suit le sang dans le cœur du fœtus.

Dans cette discussion célèbre entre deux anatomistes d'une habileté profonde, Méry et Duverney, Méry eut constamment tort et Duverney
constamment raison. Méry avait pourtant beaucoup d'esprit, mais il n'avait pas l'esprit juste
de Duverney. On connaît ce mot de Méry, que
nous a conservé Fontenelle : « Nous autres ana-
« tomistes, nous sommes comme les croche-
« teurs de Paris, qui en connaissent toutes les
« rues jusqu'aux plus petites et aux plus écar-

« guinem transmittendum... » (Gul. Harvei *Exercit. anat.*
de motu cordis, etc., cap. VI.)

« tées, mais qui ne savent pas ce qui se passe
« dans les maisons [1]. »

Méry convenait que le sang qui passe par le
canal artériel va de l'artère pulmonaire à l'aorte,
et par conséquent échappe au poumon, comme
l'avait dit Harvey. La difficulté n'était que par
rapport au *trou ovale*. Selon Harvey, le sang,
qui passe par le *trou ovale,* va de l'oreillette
droite à l'oreillette gauche : Méry voulut que ce
fût le contraire, et qu'il allât de l'oreillette
gauche à l'oreillette droite.

Duverney soutint l'opinion d'Harvey.

Le *trou ovale* est, d'abord, complétement
ouvert. Bientôt une petite membrane naît de
ses bords, qui peu à peu grandit, se développe,
s'élève et finit par le fermer [2]. Or, cette membrane est toujours disposée de manière à céder
au sang qui va de l'oreillette droite à l'oreillette
gauche, et à résister, au contraire, au sang qui
serait poussé de l'oreillette gauche dans l'oreillette droite.

1. Fontenelle, *Éloge de Méry.*
2. Voyez, à la suite de ce chapitre, une note sur le mécanisme de l'*occlusion* du trou ovale.

C'est ce qu'avaient déjà vu Harvey[1] avant Duverney, et Galien avant Harvey[2].

« Il est constant, dit Duverney, que la valvule « du trou ovale du fœtus est située de manière « à donner un libre passage au sang de la veine « cave dans l'oreillette gauche du cœur, et à le « lui fermer au retour[3]. »

« La soupape du trou ovale du fœtus, dit-il en- « core, permet bien au sang de passer facilement « de la veine cave dans la veine du poumon, « mais elle l'empêche absolument de revenir[4].»

Il dit plus loin : « Le canal artériel du fœtus « sert à décharger les poumons, en faisant pas-

1. « Insuper in illo foramine ovali è regione, quæ arteriam « venosam respicit, operculi instar membrana tenuis et dura « est, foramine major, quæ posteà in adultis, operiens hoc « foramen, et coalescens undiquè, istud omninò obstruit, et « propè obliterat. Hæc, inquam, membrana sic constituta « est, ut, dum laxè in se concidit,... sanguini à cavâ affluenti « cedat quidem, at ne rursus in cavam refluat, impediat : « ut liceat existimare in embryone sanguinem continuò « debere per hoc foramen transire de venâ cavâ in arteriam « venosam, indè in auriculam sinistram cordis, et postquam « ingressum fuerit, remeare nunquam posse.» (*Exercit. anat. De motu cordis*, etc., cap. VI.)

2. Voyez la note 1 de la page 56.

3. *Mém. de l'Acad. des sc.*, année 1699, p. 255.

4. *Ibid.*, p. 253.

« ser la meilleure partie du sang de l'artère du
« poumon dans l'aorte[1]. »

Il dit enfin : « A l'égard du fœtus humain, qui
« ne respire point tant qu'il est dans le sein de
« la mère, si le sang fourni par les deux veines
« caves allait circuler par le poumon, il l'expo-
« serait à des accidents mortels ; il a donc fallu
« que la nature pourvût à la décharge des pou-
« mons par des routes particulières, et c'est ce
« qu'elle a fait au moyen du trou ovale et du
« canal artériel[2]. »

On ne pouvait se faire des idées plus justes de
toutes ces choses.

Mais Duverney ne s'en tient pas là. De cette
étude si bien conduite, de cette conception si
nette de la circulation du fœtus, il s'élève aux
considérations les plus importantes et les plus
neuves, et sur l'action de l'air dans la respiration, et sur le rôle de la respiration dans les
diverses classes.

Harvey avait déjà senti le rapport profond
qui lie la circulation à la respiration.

1. *Ibid.*, p. 254.
2. *Ibid.*, p. 257.

La question serait maintenant, dit-il, de savoir pourquoi il faut que le sang passe par le
poumon dans l'adulte, et pourquoi il ne le faut
pas dans le fœtus; pourquoi il le faut dans
l'homme et dans les animaux à *sang chaud*
comme lui, et pourquoi il ne le faut pas (du
moins aussi complétement) dans ceux qui ont le
sang froid, comme la tortue, comme la grenouille.... Serait–ce que, dans l'homme, et les
autres animaux à sang chaud, le sang est en
effet si chaud qu'il *s'enflammerait,* qu'il *s'em-*
braserait peut-être, *igniatur,* s'il n'allait au
poumon pour s'y mêler à l'air et s'y refroidir [1] ?...

Harvey ne soupçonne encore, comme on voit,

1. « Restat ut illud perquiramus... Aut cur melius sit in
« adolescentibus, sanguinis transitui naturam omninò oc-
« clusisse vias patentes illas, quibus antè in embryone et
« fœtu usa fuerat... Cur in majoribus et perfectioribus ani-
« malibus, iisque adultis, natura sanguinem transcolari per
« pulmonum parenchyma potius velit quàm ut in cæteris
« animalibus... Sivè hoc sit quòd majora et perfectiora ani-
« malia sint calidiora, et cùm sint adulta, eorum calor ma-
« gis (ut ità dicam) igniatur et ut suffocetur sit proclivis,
« et ideò tranare et trajici per pulmones, ut inspirato aere
« contemperetur, et ab ebullitione et suffocatione vindi-
« cetur... » (G. Harvei, *Opera,* p. 47.)

à la respiration d'autre usage que de *rafraîchir,*
de *refroidir* le sang; et sans doute pour passer,
d'une manière sûre, de cette idée à l'idée contraire, à l'idée que la respiration est la source
de la *chaleur* du sang, il fallait le secours de la
nouvelle chimie. Cependant une certaine vue
attentive des faits de l'anatomie comparée
pouvait aussi conduire à cette idée contraire et
si grande; et elle y avait conduit Duverney.

« Quand on considère, dit Duverney, que le
« sang de la veine du poumon est toujours d'un
« rouge plus vermeil que celui de l'artère, on
« juge aisément qu'il s'y est chargé de quelques
« particules d'air [1]. »

« C'est dans le poumon, ajoute-t-il, que l'air
« communique au sang des parties si actives et
« si pénétrantes que sa chaleur en dépend ; c'est
« par ce mélange qu'il est rendu propre à la
« nourriture.... Il ne faut donc pas s'étonner si
« l'homme, qui doit fournir à tant de sensa-
« tions si différentes et à tous les mouvements
« de la veille, qui sont si violents et d'une si
« longue durée, a aussi besoin que tout le sang

1. *Mém. de l'Acad. des sc.,* année 1701, p. 238.

« circule par le poumon; mais il suffit à la tor-
« tue (et autres animaux pareils, la grenouille,
« la salamandre, etc.), qui passe tout l'hiver
« dans le repos et dans une espèce d'engour-
« dissement, qui n'a que des mouvements fort
« lents,... que le tiers du sang soit porté dans
« le poumon.... [1] »

Enfin, il écrit cette phrase : « La principale
« fonction du poumon est d'imprégner le sang
« d'air, et de le rendre par là capable de porter
« partout l'aliment, la vie et la chaleur [2]. »

Il n'était guère possible de toucher de plus
près à la vérité.

Je viens d'étudier, dans ces deux chapitres,
l'histoire de la découverte de la *circulation du
sang* proprement dite; il me reste à parler de la
découverte des *vaisseaux lactés* ou *chylifères*,
et de celle du *réservoir du chyle* : ce sera le
sujet du chapitre qu'on va lire.

1. *Ibid.*, année 1699, p. 248.
2. *Ibid.*, année 1701, p. 240.

NOTE

SUR LE TROU OVALE

ET

SUR LE CANAL ARTÉRIEL

—

I. — LE TROU OVALE

1o Époque où le trou ovale est complétement fermé.

Sur le *cochon d'Inde*, à 12 jours.

Sur le *lapin*, à 16 jours.

Sur le *chien*, à 23 jours.

Sur le *veau*, entre 1 et 2 ans.

Sur l'*homme*, il ne l'est pas encore à 18 mois.

2o Filaments du trou ovale.

Ces filaments n'existent, parmi les animaux que j'ai pu examiner, que sur le *veau* et le *cheval*.

Dans le veau, je les ai trouvés sur les plus petits embryons (2 mois) que j'aie vus.

3o Comment sont disposés d'abord les filaments, et comment ensuite ils se réunissent pour amener l'occlusion du trou ovale.

Les filaments n'existent jamais seuls ; ils se développent toujours en même temps qu'une membrane dont

le bord adhérent s'insère au bord postérieur du trou
ovale. Les filaments naissent, au nombre de 12 ou 15
au moins, du bord libre de la membrane. Mais ils se
réunissent presque aussitôt les uns aux autres, se séparent ensuite pour se réunir de nouveau et forment ainsi
un réseau à mailles variées et de plus en plus larges à
mesure qu'on s'éloigne du bord de la membrane. — Ce
réseau, pour ainsi dire suspendu dans l'oreillette gauche, se termine par trois ou quatre filaments qui viennent s'insérer à la face gauche de la cloison des oreillettes, à un demi-centimètre à peu près du bord anté-
rieur du trou ovale. — Les filaments terminaux, au
lieu de leur insertion à la cloison des oreillettes, forment
comme des arches de pont, l'arche médiane étant plus
large que les autres.

A mesure que l'animal se développe, la membrane et
le réseau des filaments s'épaississent : par suite de ce
grossissement des filaments, les mailles diminuent d'é-
tendue et finissent par disparaître. Les points d'insertion terminale des filaments restent toujours au même
nombre et dans la même situation. Au bout d'un certain
temps, il ne reste plus que trois ou quatre arches formées par le bord libre de la membrane et les filaments
très-raccourcis et très-grossis. Ces arches disparaissent
à leur tour par le même procédé, et il n'y a plus de
communication entre les deux oreillettes. — Avant que
cette communication soit complétement fermée, il reste
un canal très-oblique qui s'étend de l'oreillette droite
jusque dans l'oreillette gauche. Quelquefois ce canal
persiste dans l'adulte (*bœuf, mouton*, etc.).

Dans les animaux qui n'ont pas de filaments, le mécanisme est à peu de chose près semblable. C'est aussi
par l'hypertrophie de la membrane et de ses insertions
dans l'oreillette gauche que le trou ovale se ferme; et il
y a aussi un canal très-oblique qui peut persister dans
l'adulte (*chien, lapin, homme*, etc.).

II. — DU CANAL ARTÉRIEL.

Époque où le canal artériel est complétement oblitéré.

Sur le *chien*, il est oblitéré à 36 jours.

Sur le *lapin*, à 26 jours.

Sur l'*homme*. A 18 mois, et même à 2 ans, il n'est
pas encore fermé.

Le canal artériel paraît se fermer d'abord par sa partie
moyenne : les deux extrémités restent encore ouvertes
assez longtemps après que le canal est oblitéré à sa partie
moyenne.

III

D'Aselli. — De Pecquet. — De Rudbeck. — De Bartholin

ou

Des vaisseaux chylifères. — Du réservoir du chyle. — Des vaisseaux lymphatiques.

Je l'ai déjà dit : de la découverte de la circulation du sang date la physiologie moderne.

Harvey découvre la circulation du sang, de 1619, époque où il l'expose dans ses leçons, à 1628, époque où il la publie dans son livre [1] ; et vers ce même temps, un souffle nouveau, le souffle divin des découvertes, anime tous les esprits : Aselli découvre les vaisseaux chylifères en 1622 ; Pecquet, le réservoir du chyle en 1648 ; Rudbeck et Thomas Bartholin, les vaisseaux lymphatiques de 1650 à 1652. Rien n'a été plus beau que ce premier élan du génie moderne.

1. « Per novem et amplius annos multis ocularibus de- « monstrationibus in conspectu vestro confirmatam..... » (Voyez son *épître dédicatoire*, p. 1.)

Les anciens n'ont connu ni les vaisseaux chylifères[1], ni les vaisseaux lymphatiques, ni le réservoir du chyle.

Galien croyait que le chyle était pris par les
veines des intestins, qu'il était porté par ces
veines au foie, et que c'était dans le foie qu'il se
changeait en sang. Galien croyait aussi que
c'était dans le foie que le sang noir se changeait
en sang rouge.

Le foie était donc, tout ensemble, l'organe
de la conversion du chyle en sang, et l'organe
de la conversion du sang noir en sang rouge : le
foie était l'organe de la *sanguification*.

La théorie de la *sanguification*, de la formation du sang par le foie, est, de Galien, la
grande théorie et la grande erreur : erreur savante (car il en est de telles, et ce sont les plus
tenaces), qui commence avec Galien, qui se
soumet Harvey, qui ne s'arrête que devant Pecquet; et contre laquelle il a fallu toutes les découvertes que je viens de dire, celle des vaisseaux chylifères, celle des vaisseaux lympha-

1. Du moins d'une manière sûre. Voyez, plus loin, la note
2 de la p. 99.

tiques, celle du réservoir du chyle, et d'autres
encore, celle du vrai usage de la respiration,
celle de la vraie action de l'air sur le sang, celle
du vrai usage du cœur, etc., etc.

C'est toute cette suite merveilleuse de découvertes qu'il nous reste à voir.

De Galien et de la théorie de la sanguification.

Quatre points constituent, comme je viens de
le dire, la théorie de la *sanguification :*

Le premier, que le chyle est pris par les veines
des intestins;

Le second, que ces veines le portent au foie;

Le troisième, que c'est dans le foie qu'il se
change en sang;

Le quatrième, que c'est dans le foie que le
sang noir se change en sang rouge.

Mais à ces quatre points-là s'en joignaient
deux autres, la formation des *esprits,* et l'entre-
tien, le maintien durable de la *chaleur innée.*

1° et 2° *Le chyle pris par les veines des intestins et porté au foie.* A mesure, dit Galien, que
le chyle se forme dans l'estomac et les intestins,

les veines le prennent et le portent à un lieu
commun et central, qui est le foie[1].

Galien compare très-ingénieusement les veines
des intestins aux racines des arbres : les plus
petites se réunissant à de plus grosses, celles-ci
à de plus grosses encore, et toujours ainsi jusqu'au foie, où elles se réunissent toutes en une,
qu'on nomme la *veine porte*[2], parce qu'elle est
la *porte* du foie, la *porte* par où passe tout ce
qui arrive au foie[3].

1. « Priùs elaboratum in ventriculo alimentum venæ ipsæ
« deferunt ad aliquem concoctionis locum communem totius
« animalis, quem hepar nominamus. » (*De usu partium*,
lib. IV, p. 135.)

2. « Colligens verò natura, ut in arboribus, exiguas illas
« radices in crassiores, ità in animalibus vasa minora in
« majora, et ea rursus in alia majora, idque semper agens
« usque ad hepar, in unam omnia venam coegit, quæ ad
« portas sita est. » (*Ibid.*, p. 141) *Quæ ad portas sita est;*
littéralement : *qui est située aux portes, à la porte du foie.*
Mais ce lieu n'est la porte du foie que parce qu'il reçoit la
veine porte et tout ce qu'elle y conduit ou apporte. — « La
« *veine porte*, ainsi nommée par les anciens, à cause qu'ils
« croyaient qu'elle apportait au foie le chyle, pour y être
« converti en sang. » (Dionis : *Anatomie de l'homme suivant
la circulation*, etc., 5e édit. p. 203.)

3. Quemadmodum in urbes nihil nisi per portas invehi
« potest : ità nihil potest in jecur deferri, nisi priùs in hunc
« feratur locum. » (*De constitut. art. med.*, p. 41.)

3° *Conversion du chyle en sang*. Parvenu au foie, le chyle y fermente, s'y cuit, s'y dépouille des parties impures, s'y change en sang, de la même manière que le *moût*, mis en cuve, fermente, cuit, se dépouille de ses parties grossières, et se change en vin [1] : « tout ainsi, dit « Descartes, que le suc des raisins noirs, qui est « blanc, se convertit en vin clairet, lorsqu'on « le laisse cuver sur la râpe [2]. »

Et remarquez bien que le foie a tout ce qu'il faut pour ce *dépouillement* des parties impures, car il a la *vésicule du fiel*, la *rate* et les *reins* [3] : la *vésicule*, qui reçoit, qui attire les parties les

---

1. « Porrò, juxtà exempli similitudinem, intellige dis-« tributum à ventriculo ad hepar chylum, à visceris cali-« ditate, velut vinum ipsum in dolio musteum, fervere, « concoqui, et alterari in sanguinis boni generationem. » (*De usu partium*, lib. IV, p. 136.)

2. « Même il est ici à remarquer que les pores du foie sont « tellement disposés, lorsque cette liqueur entre dedans, « qu'elle s'y subtilise, s'y élabore, y prend sa couleur rouge « et acquiert la forme du sang, tout ainsi que le suc des « raisins noirs, qui est blanc, se convertit en vin clairet, « lorsqu'on le laisse cuver sur la râpe. » (T. IV, p. 338.)

3. ..... « Excrementorum expurgatoria instrumenta: renes, « lienem, bilisque receptricem vesicam. » (*De Hipp. et Plat. decret.*, lib. VI.)

plus légères; la *rate*, les plus épaisses; et les *reins*, les parties aqueuses [1].

4° *Conversion du sang noir en sang rouge*. Le chyle, que reçoit le foie, n'est pas le sang; ce n'en est qu'une forme obscure [2] : c'est dans le foie seul que le chyle reçoit sa forme suprême et dernière de sang parfait, et que ce sang parfait, ce sang pur prend la couleur rouge [3].

Le mérite constant de Galien est d'avoir des idées suivies, et son tort constant est de ne pas vérifier ses idées par l'expérience. Ici, par exemple, la plus simple expérience lui eût montré combien il se trompait. Il n'avait qu'à mettre à nu le foie, sur un animal vivant; il

1. « Vesicam, quæ leve et flavum superfluum receptura « erat, natura imposuit hepati; splenem verò qui crassum « et limosum..., renes tenue hoc et aquosum excrementum. » (*De usu partium*, lib. III, p. 136.)

2. « Ipsum autem hepar, postquam id nutrimentum acce- « perit, obscuram speciem sanguinis referens, inducit ei « postremum ornamentum ad sanguinis exacti generatio- « nem. » (*De usu partium*, lib. III, p. 135.)

3. « ..... Et ab innatâ caliditate concretionem exactam est « adeptus, ruber jam et purus sursùm ad gibbas partes he- « patis ascendit (*ibid.*, p. 136)... — Sanguinis rubri prima « in jecore generatio est. » (*De Hipp. et Plat. decret.*, lib. VI, p. 266.)

8.

aurait vu le sang y arriver noir, et en sortir
noir. Cette seule expérience lui eût rendu sus-
pecte toute sa théorie.

5° *Formation des esprits*. Galien comptait
trois *esprits* : le *naturel*, le *vital* et l'*animal*.

Il n'était pas aussi sûr du *naturel* que des
deux autres; mais enfin, et au cas qu'il fût, il
le plaçait dans le foie [1]; il plaçait le *vital* dans le
cœur [2]; l'*animal* dans le cerveau [3]; et pour ces
deux-ci, les deux dont il était sûr, voici comment il les faisait naître l'un de l'autre, l'*animal* du *vital*, et tous les deux du sang [4].

L'*esprit vital* est l'*exhalaison du sang* [5]. Or,
l'*esprit vital* naît ainsi de la vapeur du sang dans

1. Quod si naturalis quoque aliquis spiritus est, utique
« is quoque in jecore et venis continebitur. » (*De methodo
medendi*, lib. XII, p. 77.)

2. « Vitalis spiritus et in arteriis et in corde gignitur. »
(*De Hipp. et Plat. decret.*, lib. VII, p. 269.)

3. « Animalis spiritûs cerebrum, veluti fontem esse... de-
« monstravimus. » (*De methodo medendi*, lib. XII, p. 77.)

4. « Sicut autem vitalis spiritus secundum arterias et cor
« generatur,... ità animalis ex vitali ampliùs elaborato habet
« generationem. » (*De virtut. corp. disp.*, p. 61.)

5. Spiritus exhalatio quædam sanguinis benigni. » (*De usu
partium*, lib. VI, p. 155.)

le cœur [1], surtout dans le ventricule gauche [2] ; et de l'*esprit vital*, porté dans les artères [3] et les ventricules du cerveau [4], et là plus complétement élaboré, perfectionné, mûri, naît l'*esprit animal*.

« Pareillement, dit Canappe en son vieux
« langage, nature, faisant de l'esprit vital l'es-
« prit animal, ha fabriqué et fait près du
« cerveau le *rete mirabile*, semblable à un
« labyrinthe, auquel l'esprit est élabouré. Et
« après il est envoyé et transmis aux ventricules
« antérieurs, èsquels il est encore mieux pré-
« paré et élabouré. Et après il est envoyé par le
« conduit commun au ventricule postérieur,
« auquel il acquiert parfaite élaboration [5]. »

1. Voyez la note 2 de la page précédente.
2. « Copiosior, in sinistro, spiritûs substantia. » (*De usu partium*, lib. VI, p. 154.)
3. « Ab arteriis quibus in ipsum cerebrum acclivis est
« positio, effluit semper spiritus, bellè in retiformi plexu
« confectus,... proindè in his moratus diutissimè, conficitur;
« confectus autem statim cerebri ventriculis incidit. » (*De usu partium*, lib. IX, p. 172.)
4. « Consentaneum igitur rationi est spiritum hunc in ce-
« rebri ventriculis oriri. » (*De Hipp. et Plat. decret.*, lib. VII, p. 269.)
5. *L'anatomie du corps humain*, etc., p. 83.

L'esprit animal, l'*esprit cérébral*, l'*esprit* né
du cerveau, est, du corps de l'homme, la partie
la plus noble et la plus exquise ; c'est la propre
substance de l'âme; c'en est du moins le premier instrument [1] : la raison, qui est l'homme,
siége dans le cerveau [2]; et de là, dit Galien, la
fiction ingénieuse qui fait naître Minerve du cerveau de Jupiter, c'est-à-dire qui fait naître du
cerveau toutes les productions de l'esprit humain, tous nos arts, toutes nos sciences [3].

6° *Chaleur innée.* Selon Galien, la *chaleur*
animale est une force primitive, naturelle, innée [4]. Le cœur est la source de la *chaleur* [5]. Du

1. « Oportet... hunc ipsum spiritum, aut ipsam animæ
« substantiam esse, aut primum ipsius instrumentum. »
(*De utilitate respirationis*, p. 225, 226.)

2. « At ratio, quæ revera homo est, sedem in cerebro
« habens... » (*De usu partium*, lib. IV, p. 139.)

3. « Fabula quæ ex Jovis capite Minervam, hoc est pru-
« dentiam, natam esse ait... » (*De Hipp. et Plat. decret.*,
lib. III, p. 247.)

4. « Calorem autem non acquisitum... verùm ipsum pri-
« mum, primogenitum et insitum. » (*De trem., palp., con-*
vuls., etc., p. 54.)

5. « Cor caloris nativi, quo animal regitur, quasi fons
« quidem, ac focus est. ». (*De usu partium*, l. VI, p. 150.)

cœur vient la chaleur du sang, et du sang la
chaleur du corps entier [1]. De toutes les parties
du corps, la plus chaude est le cœur [2]; de
toutes les parties du cœur, la plus chaude est
le ventricule gauche [3]; et c'est pour cela que
ce ventricule est le ventricule où l'*esprit* se
forme, le ventricule où le *sang veineux* se
change en *sang spiritueux.*

Mais à cette chaleur naturelle, innée, il fallait, pour qu'elle fût durable, un *aliment,* et,
pour qu'elle ne fût pas excessive, un *modérateur.* L'*aliment* est le sang [4] : le sang, dit
Galien, est *le bois du feu qui brûle dans le*

1. « Sanguis verò ipse à corde suum accipit calorem. »
(*De temperamentis,* lib. I, p. 15.) — « Et ità calor continuè
« effluit à corde ad arterias, et per arterias ad totum corpus. »
(*De utilit. respirat.,* p. 63, t. VII.)

2. « Id viscus (cor) tum omnium animalis partium maximè
« sanguineum, tum verò calidissimum est. » (*De temperamentis,* p. 15.)

3. « Hunc maximè sinum ad summum pervenire calo-
« ris... » (*De inæquali intemperie,* p. 44.)

4. « Non solum nutrimentum animantis partibus ex san-
« guine est, sed calor quoque naturalis perseverantiam ex
« sanguine obtinet. » (*De curandi ratione per sanguinis
missionem,* p. 16.)

cœur [1] ; et le *modérateur* est le poumon [2], lequel attire sans cesse, par la respiration, un air nouveau, et, par cet air nouveau, *rafraîchit* sans cesse le cœur et le tempère [3].

On a maintenant sous les yeux la théorie de la *sanguification*.

Rien de plus complet ; car elle commence avec la formation du chyle et ne finit qu'avec la formation de l'*esprit animal*, de l'instrument de l'âme.

Et rien de mieux lié ; car tous les phénomènes y naissent les uns des autres : le chyle y naît de la conversion des aliments en chyle, qui se fait dans l'estomac et les intestins : le sang y naît de la conversion du chyle en sang, qui se fait dans le foie ; l'*esprit vital* y naît de l'exhalaison du sang, qui se fait dans le cœur ; l'*esprit ani-*

---

1. « Quemadmodum ex lignis comburi idoneis qui in foco « est ignis... » (*De curandi*, etc., p. 16.)

2. « Respirationem ingeniti caloris moderationem ser- « vare... » (*De morb. vulg., Comment.* V, p. 190.)

3. « Refrigerat ipsum (cor) inspiratio quidem, frigidam « qualitatem ci affundens. » (*De usu partium*, lib. VI, p. 148.)

mal y naît de l'élaboration de l'esprit-vital, qui se fait dans le cerveau. Enfin, le sang tire du cœur sa *chaleur acquise;* et le cœur tire du sang l'*aliment* de sa *chaleur innée.*

Mais rien de plus faux.

De ces idées, de ces vues si bien assorties, de cette théorie si bien construite, de tout ce travail si merveilleux d'esprit, rien n'était vrai, et rien n'est resté. Galien n'a rencontré juste sur rien. Il dit que le chyle est pris par les veines, et cela n'est pas; qu'il va au foie, et cela n'est pas; que c'est dans le foie que le sang noir se change en sang rouge, et cela n'est pas; ses *esprits* ne sont qu'un mot; sa *chaleur innée* n'est qu'une rêverie.

Voltaire dit qu'un Français qui, de son temps, passait de Paris à Londres, *trouvait les choses bien changées :* il avait laissé le monde plein, il le trouvait vide; il avait laissé une philosophie qui expliquait tout par l'*impulsion,* il en trouvait une qui expliquait tout par l'*attraction*[1], etc.

Il faut convenir que, si Galien pouvait revoir la physiologie, il *trouverait aussi les choses bien*

1. *Lettres philosophiques,* lettre XIV.

changées. Il croyait que c'étaient les veines qui prenaient le chyle, et on lui dirait que ce sont des vaisseaux particuliers, très-distincts des veines ; il croyait que le chyle allait au foie, et on lui dirait qu'il va au cœur ; il croyait que c'était dans le foie que le sang noir se changeait en sang rouge, et on lui dirait que c'est dans le poumon : il se croyait très-sûr au moins de deux *esprits*, le *vital* et l'*animal,* et on lui dirait que ses *esprits* ne sont que des chimères ; enfin, il croyait que la chaleur était une force propre, primitive, innée, siégeant dans le cœur et continuellement tempérée, *rafraîchie* par le poumon, et on lui dirait que le cœur n'a pas cette force, que c'est un simple muscle, et que le poumon, au lieu d'être l'organe qui *rafraîchit,* qui tempère la chaleur du cœur, est la source même de cette chaleur, laquelle n'a rien d'*inné.*

D'Aselli et des vaisseaux lactés ou chylifères.

L'antiquité n'a connu que trois ordres de vaisseaux : les veines, les artères et les nerfs

(les nerfs, qu'elle prenait pour des vaisseaux [1]).
Les veines conduisaient le *sang proprement dit;*
les artères, le *sang spiritueux;* les nerfs, l'*esprit animal* [2].

Les choses en étaient là : Harvey n'avait pas
encore publié son livre, on était en 1622, lorsque tout à coup le bruit se répand qu'un anatomiste de Crémone, professeur à Pavie, vient de
découvrir un quatrième ordre de vaisseaux [3],
des vaisseaux blancs, des vaisseaux distincts des
veines, des artères et des nerfs, des vaisseaux
qui sont les vrais conducteurs du chyle.

1. Malgré Galien. Galien savait très-bien que les nerfs ne
sont pas creux : « Nervi qui à cerebro ac spinali medullâ
« oriuntur nullam habent perspicuam cavitatem. » (*De usu
partium*, lib. XV, p. 210.) Il ne se trompait que sur les
nerfs optiques : « Solis his nervis, antequam in oculos inse-
« rantur, apertè intùs sensibilis quidem meatus adest. » (*De
nervorum dissectione*, p. 53.)

2. « Sic venæ sanguinem distribuunt, arteriæ sanguinem
« cum spiritu vitali permixtum, nervi animalem spiritum.»
(Aselli : *De lactibus, sive lacteis venis, quarto vasorum me-
saraïcorum genere dissertatio*, 1627, p. 51.)

3. « Præter tria illa vasorum genera mesenterium pera-
« grantium (les *veines*, les *artères*, et les *nerfs*), reliquum
« aliud est genus, quartum, novum, ac ignotum hactenùs...»
(*Ibid.*, p. 18.)

9

Qu'on juge (si pourtant cela est possible aujourd'hui) de l'effet que dut produire alors une telle nouvelle. Le monde savant, tout entier, en fut ému. Les anciens n'avaient donc pas tout vu, n'avaient pas tout dit; on pouvait aller plus loin que Galien et qu'Aristote; le savoir antique n'était pas le dernier terme du savoir humain; et l'esprit moderne commençait sa course.

Aselli nous raconte lui-même, et de la manière la plus naïve, comment cette grande découverte, la première, à rigoureusement parler, des découvertes modernes (car, je le répète, le livre d'Harvey n'avait pas encore paru), s'offrit à lui, par un pur hasard [1].

Il venait d'étudier, sur un chien vivant, et cela moins pour lui que par complaisance pour quelques amis, les *nerfs récurrents*. De l'étude des *nerfs récurrents*, on désire passer à celle des mouvements du diaphragme : Aselli ouvre

---

1. « A me primò, quod relegatâ omni ambitione dixerim, « abhinc ferè triennium, hoc est anno adeò 1622, casu magis, « ut verum fatear, quàm consilio, aut datâ in id peculiari « operâ, observatum.» (*De lactibus*, etc., p. 18.)

le ventre, et aussitôt paraît le plus beau réseau
de vaisseaux blancs [1].

Qu'était-ce que ces vaisseaux?... Serait-ce
les vaisseaux du chyle? Ce fut là l'instant du génie. Aselli pique un de ces vaisseaux; il en voit
sortir une liqueur blanche, et, dans un trans-
port de joie que l'on conçoit bien, il s'écrie,
comme Archimède : *J'ai trouvé* [2].

1. « Canem, ad diem julii 23 ejusdem anni, benè habitum,
« benèque pastum, incidendum vivum sumpseram, ami-
« corum quorumdam rogatu, quibus recurrentes nervos
« videre fortè placuerat. Eà nervorum demonstratione per-
« functus quum essem, visum est eodem in cane eâdem
« operà, diaphragmatis quoque motum observare. Hoc dùm
« conor, et eam in rem abdomen aperio, intestinaque cum
« ventriculo collecta in unum deorsum manu impello, plu-
« rimos repente, eosque tenuissimos, candidissimosque, ceu
« funiculos, per omne mesenterium et per intestina, infi-
« nitis propemodum propaginibus dispersos, conspicor. »
(*Ibid.*, p. 19.)

2. « Rei novitate perculsus, hæsi aliquandiù tacitus, cùm
« menti variæ occurrerent quæ inter anatomicos versantur,
« de venis mesaraïcis, et eorum officio controversiæ;... ut me
« collegi experiendi causá, adacto acutissimo scalpello, unum
« ex illis et majorem funiculum pertundo. Vix benè ferieram,
« et confestim liquorem album, lactis aut cremoris instar,
« prosilire video. Quo viso, cùm tenere lætitiam non possem,
« conversus ad eos qui aderant : Εὔρηκα, inquam, cum
« Archimede..... » (*Ibid.*, p. 19.) — *J'ai trouvé!* Pourquoi
ce mot? il soupçonnait, il cherchait donc quelque chose; et

Mais le chien meurt, et tout disparaît. Aselli ouvre un autre chien : point de vaisseaux blancs. Se serait-il trompé ? Heureusement il se rappelle que le premier chien avait beaucoup mangé avant l'expérience, tandis que le second était à jeun. Il prend un autre chien ; il le fait manger : quelques heures après, il l'ouvre, et, cette fois-ci, les vaisseaux blancs se montrent comme la première[1].

quoi? précisément ce qu'il a trouvé : les *vaisseaux lactés*. Mais pourquoi cherchait-il ces *vaisseaux*? Parce qu'une tradition vague, mais toujours subsistante, rappelait d'un siècle à l'autre qu'ils avaient été vus par Hérophile et par Erasistrate.

Hérophile distinguait les vaisseaux qui se rendent au foie de ceux qui vont aux glandes mésentériques. « Primùm « namque toti mesenterio venas effecit Natura proprias « intestinis nutriendis, ipsi dicatas, haudquaquam ad hepar « trajicientes, ut enim et Herophilus dicebat; in glandulosa « quædam corpora desinunt hæ venæ, cùm ceteræ omnes « sursum ad portas referantur. » (Galeni *De Usu partium*, etc., lib. IV, p. 141.)

Erasistrate dit mieux encore : il dit que les artères du bas-ventre, habituellement remplies d'air (comme toutes les autres), le sont, par moments, de lait : « Initio aïunt « (Erasistrate et ses partisans) simul ac mesenterium denu- « datum fuerit arterias aeri similes, posteà lacte repletas « conspici. » (Galeni *De anatom. administ.*, lib. VIII, p. 99.)

1. « ...Verùm eo spectaculo diù frui non licuit. Expiravit

L'existence des vaisseaux blancs, des vaisseaux du chyle n'était plus douteuse.

Aselli nomme ces vaisseaux : *lactés*, à cause de la liqueur blanche, et semblable au lait, qu'ils contiennent[1]. Cette liqueur est le *chyle;* et, seuls, les *vaisseaux lactés* conduisent le chyle[2]; les *veines* ne le conduisent pas.

« mox inter hæc canis, et unà (dictu mirum) omnis illa tot
« vasorum series congeriesque defecta candore suo, defecta
« succo, inter manus ipsas nostras ac penè inter oculos ità
« evanuit, vix ut vestigia sui relinqueret..... Conquisitus
« ergò canis alius in diem posterum, et nullà interpositâ
« morâ die eodem apertus. Porrò minimè, ut spes, ità
« successus fuit. Nullum prorsus, vel minimum album
« vasculum in conspectum sese dabat. Et jam abjici animo
« cœperam..... Verùm in memoriam revocans, siccum et
« impastum fuisse canem, quem secundum arripueram,
« suspicatusque, quod res erat, ne intestinorum inanitas
« causa fuisset vasorum obliterationis, etiam tertiò rem
« periclitari volui, alio rursùs in id comparato cane. Is sectus
« est ad diem 26, horà circiter sextà postquam cibus illi
« adhibitus affatim fuerat,... nihil fefellit expectatio. Omnia,
« quæ primus, luculenter et adamussim exhibuit... Con-
« firmatus gemino hoc experimento, et nihil ampliùs de re
« ipsâ ambigens, totum me dedi ad perquirendam eam... »
(*De lactibus,* p. 20.)

1. « Ego vasa hæc, aut lacteas, sive albas venas, aut lactes
« etiam appellare soleo..... » (P. 23.) « Non lac ipsum magis
« simile lacti est quam liquor qui in illis cernitur. » (P. 26.)

2. « ..... Chylus per eas labitur ; verissimè idem ex intes-

9.

De Pecquet et du réservoir du chyle.

Les *vaisseaux lactés* conduisent donc le chyle; mais où le conduisent-ils? Aselli crut que c'était au foie. « L'usage de nos *veines*, dit-il, est, sans « aucun doute, de conduire le chyle; et, sans « aucun doute aussi, de le conduire au foie[1]. »

Le chyle allait donc toujours au foie; et la principale erreur de Galien (la principale, car toutes les autres portaient sur celle-là : le foie n'était supposé l'organe de la *sanguification* que parce qu'il était supposé l'organe où allait le chyle) subsistait encore.

Elle ne devait pas subsister longtemps.

En 1648[2], un jeune homme de Dieppe, qui étudiait la médecine à Montpellier, Jean Pec-

« tinis ab iis lacitur, hoc est sorbetur exhauriturque..... » (P. 25.)

1. « Actio propria venarum nostrarum, absque omni du- « bitatione, chyli distributio est ad jecur. » (P. 51.)

2. « ..... Assiduum fermè trium annorum laborem coarc- « tavi... » (*Experimenta nova anatomica, quibus ignotum hactenùs chyli receptaculum, et ab eo per thoracem in ramos usque subclavios vasa lactea deteguntur*, 1651, p. 17.)

quet, lassé de la *science froide et muette* [1] qu'on tire des organes morts, du cadavre, veut une science plus *vraie* [2], et la demande aux organes en vie.

Il entreprend une suite de recherches sur les animaux vivants.

Il ouvre la poitrine d'un chien ; il en détache le cœur ; et, au milieu du sang qui s'écoule, il aperçoit un liquide blanc, qu'il prend d'abord pour du pus [3].

Une première étude lui montre bientôt que ce liquide blanc, laiteux, est le même que celui des *vaisseaux lactés*, est le *chyle* [4]; une seconde,

1. « Post acquisitam antè annos aliquot, ex cadaverum « sectione, mutam alioqui frigidamque sapientiam...» (P. 4.)

2. « Placuit ex vigenti vivorum animantium harmonià « veram scientiam exprimere. » (P. 4.)

3. « Cor, rescissis quibus reliquo adhæret corpori vascu- « lorum retinaculis, avello ; tum exhaustâ quæ statim re- « stagnaverat copià cruoris, albicantem subindè lactei liquoris « nec certe parum fluidi scaturiginem....., miror effluere,... « (p. 4) sic ut delitescentis intrà thoracem fortè saniem « abcessùs, ex cruenti puris imagine, suspicarer. » (P. 5.)

4. « ..... Candidus apprimè liquor, et effuso per mesen- « terium chylo simillimus, sic ut inter utrumque collatos « invicem et nitor et odor et sapor et consistentia nullum « inesse discrimen ostenderint. » (P. 5.)

que ce chyle est contenu dans un *canal*, qui le
porte aux *veines sous-clavières*, et par ces veines
au cœur[1]; une troisième, que ce canal commence par une sorte de *réservoir*, de *poche*[2];
une quatrième, que *tous les vaisseaux lactés* se
rendent à ce réservoir, qui en est ainsi le *réservoir commun*[3]; et une cinquième, qu'aucun,
absolument aucun, ne se rend au foie[4].

Le chyle ne va donc pas au foie, et, puisqu'il
n'y va pas, il ne s'y change pas en sang; le foie
n'est donc pas l'organe de la *sanguification*[5];
et la théorie de Galien, cette théorie qui avait
traversé quinze siècles, est enfin détruite.

1. « ..... Unicus, crassiorque canalis, à *receptaculo* chylum
« ad quartam dorsi vertebram devolvit, indèque bifidus per
« subclaviorum (ut in cane notavimus) ostiola foraminum
« eumdem in cavam exonerat. » (P. 17.)

2. « ..... Laceratà forte sinistrorsum ad duodecimam cir-
« citer dorsi vertebram ampullà, cujus est apprimè tenuis
« membranula, restagnantem demiratus lactis effusi copiam,
« suspicor non exiguum illic ejusdem liquoris occuli *re-
« ceptaculum*. » (P. 11.)

3. « Sic tandem patuit reconditi chyli penus, et tantis la-
« boribus quæsitum *receptaculum*..... » (P. 14.) « Lancinata
« illicò *receptaculi* tunica chylum effudit; et dubium omne
« revulsit scaturienti evidentià. » (P. 15.)

4. « Nullus ad jecur porrigi inventus est. (P. 13.)

5. « Hactenùs è mesenterio chylum in hepatis parenchyma

De Rudbeck et des vaisseaux lymphatiques, particulièrement
de ceux du foie.

Mais ce n'est pas tout. Une découverte en
appelle une autre. La découverte des *vaisseaux
lactés* appelle celle du *réservoir du chyle;* celle
du *réservoir du chyle* appelle celle des *vaisseaux
lymphatiques.*

En 1650, et, cette fois-ci encore un jeune
homme, Olaüs Rudbeck, qui fut plus tard un des
hommes les plus savants de Suède, Olaüs Rudbeck, cherche le *tronc commun* des *vaisseaux
lactés*, et le trouve[1]. Il ne savait pas que Pecquet venait de le découvrir. En cherchant le
tronc commun des *lactés*, Rudbeck remarque,
sur le foie, des vaisseaux transparents, aqueux,
qu'il reconnaît bien vite pour des vaisseaux
nouveaux, pour des vaisseaux propres, pour
des vaisseaux distincts des *vaisseaux lactés*[2].

« opinio protrusit, non veritas, et sanguinei artificii tribuit
« immeritam nato ad alia visceri prærogativam. » (P. 13.)

1. *Nova exercitatio anatomica, exhibens ductus hepaticos
aquosos et vasa glandularum serosa* (in Mangeti *Bibliothecâ
anatomicâ.* Genevæ, 1699, t. II, p. 729).

2. « Dum anno 1650 et 1651, in venarum lactearum ori-
« ginem et insertionem inquirendam versabar, injectàque

Ces vaisseaux étaient les *vaisseaux lymphatiques*.

Rudbeck les nomme vaisseaux *hépatico-aqueux : hépatiques,* parce qu'ils viennent du foie, et *aqueux,* à cause de l'*humeur aqueuse* dont ils sont pleins [1].

Il en voit l'origine [2], les valvules [3], l'insertion dans la *vésicule* ou *réservoir du chyle* [4]; et, sur tous ces points, il est le premier qui voit, qui

« suprà venam portæ cum ductibus cholidocis ligaturà, non « semel apparuere ductus manifestò ab hepate ad ligaturam « intumescentes..... » (P. 730.)

1. « Hæc vasa *ductuum hepaticorum aquosorum* nomine « indigitanda duxi : et quidem *ductuum hepaticorum,* quum « et humorem ferant ac ducant, et quòd illum ab hepate « accipiant, indèque suam originem depromant ; deindè « *aquosorum*, quod tali humore ipsorum cavitas infarta « sit. » (P. 730.)

2. Du foie, comme il vient d'être dit : « Originem ducunt « ab hepate. » (P. 730.)

3. « Figuram..... mirabiliter nodosam, ob contentas val-« vulas..... » (P. 731.) Aselli avait vu les *valvules* des *vaisseaux lactés :* « In his illud admiratione dignum, quòd « pluribus valvulis, sive ostiolis, interstincti sunt. » (*De lactibus,* etc., p. 38); et Pecquet, celles du *canal du chyle :* « Non desunt suæ *lacteis* per thoracem valvulæ. » (*Experim. nov.,* etc., p. 12.)

4. « In vesiculam chyli..... sese insinuant. » (Mangeti, *Bibl. anal.,* t. II, p. 730.)

découvre; mais, relativement à la découverte des *vaisseaux lymphatiques* répandus partout, il laisse cette nouvelle gloire à un autre.

De Thomas Bartholin et des vaisseaux lymphatiques
du corps entier.

Rudbeck avait découvert les *vaisseaux lymphatiques* de 1650 à 1651 ; Thomas Bartholin les découvre de 1651 à 1652[1] ; il les nomme *vaisseaux lymphatiques*[2] ; il les étudie avec une attention, avec une persévérance admirables ; il les cherche partout ; il les trouve partout, dans les viscères, dans les membres, etc.[3] ; et, quel que soit le lieu d'où ils naissent, il les voit toujours, comme Rudbeck, venir et se rendre dans un *tronc commun*, dans le *réservoir du chyle*[4].

1. « Observavimus quidem sæpè in canibus dissectis, im-
« primis 15 decemb. 1651, et 9 jan. 1652, ex hepate aquosos
« ductus prodeuntes .... » (*Vasorum lymphaticorum His-
toria nova : Opuscula nova,* etc., p. 84.)

2. « A contenti liquoris conditione, seu limpida aqua et
« lympha, dicenda vasa lymphatica..... » (P. 96.)

3. « Exortus lymphaticorum vasorum est ab extremis par-
« tibus, seu artubus et visceribus..... » (P. 97.)

4. « Vasa aquosa..... inseruntur in receptaculum chyli... »
(P. 97.)

Les *vaisseaux lymphatiques* et les *vaisseaux lactés* ont donc un *tronc*, un *réservoir* commun, le *réservoir*, le *canal du chyle;* et, par ce canal, ils arrivent, ils aboutissent tous aux *veines sous-clavières;* et, par ces veines, au cœur.

Le cœur est donc le rendez-vous commun, le centre du système circulatoire.

Et ce système ne se compose pas seulement, comme l'avait cru Galien, comme le croyait Harvey, des *veines* et des *artères;* il se compose des *artères,* des *veines,* des *vaisseaux lactés* et des *vaisseaux lymphatiques.* L'unité complète de ce grand système est enfin trouvée.

De Thomas Bartholin et des obsèques du foie.

Thomas Bartholin termine son *Histoire des vaisseaux lymphatiques* par un chapitre intitulé : *Post inventa vasa lymphatica hepatis exsequiæ* [1].

Pecquet ayant montré qu'aucun *vaisseau lacté* ne se rend au foie, que le chyle ne va pas au foie, le foie n'était donc plus l'organe de la *san-*

---

1. *Vasorum lymphaticorum,* etc., p. 107.

guification; et c'est alors, pour parler le langage de Bartholin, que les *obsèques* du foie auraient dû être faites.

Pourquoi donc Bartholin ne les place-t-il qu'après la découverte des *vaisseaux lymphatiques?* C'est que la première fois qu'il vit les *vaisseaux lymphatiques* du foie, il les prit pour des *vaisseaux lactés* qui allaient au foie[1]. Le foie, se dit-il, reçoit donc une partie des *vaisseaux lactés,* une partie du chyle; il a donc encore son rôle, un certain rôle du moins, dans la *sanguification :* la *sanguification* se partage entre le cœur et lui[2].

Mais bientôt Bartholin reconnaît la véritable nature des vaisseaux qui le trompent : ce ne sont pas des *vaisseaux lactés,* ce sont des *vaisseaux lymphatiques*[3]; au lieu d'aller au foie, ils en

1. « Undè quum pellucido liquore splenderent, nec aliud « vas cognitum adhuc esset..... tamdiù pro lacteis vendi- « tavi..... Exindè dubitare cœpi, visis aquosis ductibus, in « artubus, illis similibus..... » (P. 88.)

2. « Partitus sum munia cordis et hepatis in opere con- « ficiendi sanguinis, quia ad ccr lacteas thoracicas ferri « observavi, et ad hepar nonnullas..... » (P. 108.)

3. « Vidimus quippe vasa illa propè hepar, sui esse generis, « à contento liquore *lymphatica* nobis dicta..... » (P. 109.)

viennent; ils vont au cœur; et, par conséquent,
la cause du foie est tout à fait perdue[1].

Bartholin traite le foie, qu'il compare aux
plus grands héros, *maximis heroïbus*[2], comme
on traite tous les héros dont la cause est perdue;
il l'abandonne; et, dans un petit accès de gaieté
savante, après avoir écrit le chapitre de ses *obsèques,* il lui compose une *épitaphe,* dont le sens
est : que le foie, si longtemps fameux, grâce à
un titre usurpé, n'est plus, ou n'est plus que le
pauvre foie réduit à faire la bile[3].

De Riolan et d'Harvey.

Harvey n'eut pas plus tôt publié son livre sur la
circulation du sang, que vingt anatomistes pri-
rent la plume contre ce livre. Harvey ne répon-
dit pas. Le seul homme à qui Harvey ait jamais
fait l'honneur de répondre est Riolan. C'est que
Riolan était le plus savant anatomiste qu'il y eût
alors. Thomas Bartholin, qui lui dédie son *His-*

1. « Noluimus antiquatæ opinioni obstinatiùs inhærere,
« aut labantes hepatis derelicti partes diutiùs sequi.» (P. 109.)
2. P. 109.
3. P. 111.

toire des vaisseaux lymphatiques, l'appelle le plus grand anatomiste de la France et du monde : *Maximo orbis et urbis Parisiensis anatomico.*

Riolan passa toute sa vie à chercher, à retrouver, à *découvrir* ce qu'avaient fait les anciens, et à repousser ce que faisaient les modernes. Il repousse la *circulation du sang,* les *vaisseaux lactés,* le *réservoir du chyle,* les *vaisseaux lymphatiques.* « Un chacun invente à présent, » s'écrie-t-il[1] ; et c'est là ce qui le désole. « Pecquet, continue-t-il, a fait bien davantage : « il a commencé à bouleverser la structure et la « composition du corps humain par sa doctrine « nouvelle et inouïe, qui renverse entièrement « la médecine ancienne et moderne ou la nôtre[2].» *Et moderne ou la nôtre* est un mot naïf et curieux ; mais, hélas ! le *moderne* n'appartient à

---

1. *Manuel anatomique,* Paris, 1661, p. 688.
2. *Ibid.,* p. 689. « Car si le foie, suivant son opinion, n'est « plus au rang des parties principales, n'est plus le siége de la « faculté naturelle, n'est plus celui qui produit le sang dans « nos corps, ains seulement dédié à un emploi beaucoup plus « vil et plus abject, à savoir à purger et séparer l'excrément « de la bile..... »

personne ; à peine est-il qu'il est le passé et qu'il
arrive un autre *moderne*.

Cependant Riolan ne nie pas l'existence des
vaisseaux lactés. Seulement, il veut qu'ils ail-
lent au foie [1]. Harvey nie jusqu'à l'existence des
vaisseaux lactés [2] ; et, ce qu'il y a de plaisant,
c'est que Riolan lui en fait reproche. « Harveus,
« dit-il, très-expert anatomiste, auteur et in-
« venteur de la circulation du sang par le cœur
« et par les poumons, fait peu de cas de ces
« veines lactées, croyant et soutenant que le
« chyle passe par les veines mésaraïques, et que
« le foie le suce et le tire d'icelles, de quoi je
« m'étonne fort, puisqu'en effet elles sont
« existantes, et que nous les voyons manifes-
« tement [3]. »

Voilà donc Harvey, l'auteur de la plus belle

---

1. « Pour moi, je crois que ces veines lactées ne sont pas
« inutiles, mais qu'elles servent à porter le chyle des boyaux
« au foie. » (P. 696.)

2. Il ne veut y voir que des *vaisseaux lymphatiques* :
« Contulit amicè de lacteis thoracicis, et negavit continere
« chylum,..... sed potiùs esse serum per vasa lymphatica ex
« aliis partibus advectum. » (Bogdan *in Bartholini Epistol.*
Cent. II, *Epist.* 62, p. 604.)

3. *Manuel anatomique*, p. 695.

découverte moderne, gourmandé par Riolan, et gourmandé parce qu'il va trop loin dans son opposition contre les modernes.

L'illustre et savant historien de la médecine, Sprengel, dit à cette occasion : « Une tache en-« core plus grande au caractère littéraire d'Har-« vey, c'est le mépris qu'il affecta pour toutes « les découvertes ultérieures [1]... » Ces paroles sont injustes. Sprengel ne réfléchit pas assez combien la grande méditation épuise, et à tout ce que coûte de méditation une découverte d'un certain ordre. Harvey découvre la *circulation du sang;* il nous donne une foule de faits, de vues, une loi générale admirable sur la *génération* [2]. Après cela, il faut l'admirer, le bénir, et ne plus rien lui demander.

D'Aristote et de la formation du sang par le cœur.

Galien pose trois principaux organes, le foie, le cœur et le cerveau : du foie naissent les veines; du cœur, les artères; du cerveau, les

1. *Histoire de la médecine,* Paris, 1815, t. IV, p. 204.
2. Que tout être vivant vient d'un œuf : *omne vivum ex ovo.*

10.

nerfs. Selon Aristote, tout cela naît du cœur :
les veines, les artères et les nerfs [1].

Aristote veut, de plus, que ce soit dans le
cœur que le sang se forme [2]; et cette opinion
du sang formé par le cœur, bien que dominée
longtemps par l'opinion contraire du sang formé
par le foie, reste dans la science. Servet y fait
allusion dans le passage immortel que j'ai déjà
cité, quand il dit : « La couleur jaune est don-
« née au sang par le poumon, et non par le
« cœur [3]. » Césalpin l'adopte complétement,
quand il dit : « Le sang, conduit au cœur par
« les veines, y reçoit sa dernière perfection;
« et, cette perfection acquise, il est porté par
« les artères dans tout le corps [4]. »

Aussi, dès qu'il fut prouvé que le chyle allait

1. « Le cœur est le principe de toutes les veines. » (*Histoire des animaux*, liv. III, chap. iv.) — Notez qu'Aristote
réunit, sous le nom commun de *veines*, les veines et les
artères. — « Passons actuellement aux nerfs; ils partent
« également du cœur. » (*Ibid.*, chap. v.)

2. « Le liquide qui provient des aliments se rend continuellement au cœur;... c'est ce liquide qui forme le sang. »
(*De la Respiration*, chap. xx.)

3. Voyez, ci-devant, p. 26.

4. Voyez, ci-devant, p. 35.

au cœur et non pas au foie, tous les esprits re-
vinrent-ils à l'opinion d'Aristote, à l'opinion du
sang formé par le cœur. « Ceci prouve bien, dit
« Pecquet, la parole du prince des Péripatéti-
« ciens, qui affirme que le cœur est le principe
« des veines et l'organe où le sang se forme [1]. »
« C'est dans le cœur, dit Rudbeck, que le sang,
« revenu des parties, se mêle au chyle, et,
« réuni au chyle, s'élabore, se perfectionne et
« se colore : *coloratur* [2]. » Bartholin partage,
comme nous avons vu, la grande fonction de la
sanguification, de la formation du sang, entre
le cœur et le foie [3].

On n'échappait à une erreur que pour retom-
ber dans une autre.

Deux hommes combattirent bientôt cette autre
erreur.

1. « ..... Sicut evincatur nobili testimonio, quum apposîtè
« Peripateticorum princeps, et venarum asserat cor esse
« principium, et sanguinis officinam. » (*Experimenta nova
analomica*, etc., p. 3.)

2. « Existimo itaque hoc opus naturæ (sanguificationis
« nempè), hunc in modum fieri. Primò, sanguis à nutritione
« residuus, et cordi advectus, unà cum chylo, motu ac ca-
« l re cordis concoquitur, coloratur, attenuatur, ac distri-
« buitur. » (Mangeti, *Bibliotheca anatomica*, t. II, p. 733.)

3. Voyez, ci-devant, la note 2 de la page 109.

Stenon fit voir que le cœur n'est qu'un simple
organe de mouvement, un muscle; et Lower,
que c'est dans le poumon que s'opère la conversion du sang noir en sang rouge.

De Stenon et du vrai usage du cœur.

Stenon était un homme de génie. Deluc l'appelle le *premier vrai géologue* [1], car il est le premier qui ait bien vu la disposition, la *structure*
par *couches*, la *stratification* régulière de la surface du globe terrestre; et je l'appelle, moi, le
premier vrai anatomiste du cerveau, car il est le
premier qui ait bien vu les fibres du cerveau,
c'est-à-dire ce qu'il y a de plus important à
voir dans la structure de cet organe.

« Il est certain, d'une certitude également dé-
« montrée pour l'esprit et pour l'œil, dit Stenon,
« que le cœur est un muscle, qu'il en a tout, et
« qu'il n'a que ce qu'a tout muscle, en sorte
« qu'il n'est ni l'organe de la chaleur innée, ni
« le siége de l'âme, et qu'il ne produit ni l'es-
« prit vital, ni le sang, ni aucune autre humeur
« quelconque [2]. »

1. *Abrégé de géologie*, p. 8.
2. « Si certum est, quod certum esse sensuum ope adjuta

De Lower et de la coloration du sang par le poumon,
ou plutôt par l'air.

Le livre de Lower sur *le cœur* est un livre
court, plein, excellent [1]. Lower est un des esprits les mieux faits qu'ait eu la physiologie. Sa
marche est sûre, ses vues sont nettes, ses expériences sont judicieuses.

Évidemment, le *ventricule droit* n'a rien de
moins que le *ventricule gauche*. On peut donc
conclure de l'un à l'autre. Eh bien, qu'on examine le sang de la *veine cave*, c'est-à-dire le sang
qui n'a pas encore traversé le *ventricule droit*,
et le sang de l'*artère pulmonaire*, c'est-à-dire le
sang qui sort de ce ventricule; et l'on trouvera
que ces deux sangs sont parfaitement sembla-

« evincit ratio, in corde nihil desiderari quod musculo datum,
« nec quod musculo denegatum in corde inveniri, non erit
« cor ampliùs sui generis substantia, adeoque nec certæ
« substantiæ, ut ignis calidi innati, animæ sedes, nec certi
« humoris, ut sanguinis, generator, nec spirituum quorumdam
« vitalium productor. » (*De musculis specimen*, p. 523, in
Mangeti *Biblioth. anat.*) Le livre de Stenon est de 1664.

1. Il parut en 1669.

bles : ce sera toujours le même sang, le *sang veineux*, le *sang noir* [1].

Qu'on lie la trachée-artère sur un animal vivant, de manière que le poumon ne reçoive plus d'air, et le sang de l'*artère carotide* sera noir comme celui de la *veine jugulaire*, c'est-à-dire le sang qui sort du *ventricule gauche* comme celui qui n'y est point allé [2].

Que, sur un chien qui vient d'expirer, on pousse le sang, encore fluide, de la *veine cave* dans le poumon, qu'on pousse en même temps de l'air dans le poumon, et sur-le-champ le sang de la *veine pulmonaire* deviendra rouge [3].

1. ..... « Quum par sit utriusque ventriculi officium.....
« quidni color in dextro pariter immutari debeat? At certò
« constat sanguinem ex arteriâ pulmonali eductum venoso
« per omnia similem esse, crassamentum ejus nempe obscuri
« coloris est... » (*Tractatus de Corde,* etc., édition de 1740,
p. 184.)

2. « Quinimò nec à sinistro cordis ventriculo novum hunc
« ruborem sanguini impertiri certissimo hoc experimento
« confici potest :... si nimirum aspera arteria in collo nudata
« discindatur, et immisso subere arctè desuper ligetur, ne
« quid aeris in pulmones ingrediatur, sanguis ex arteriâ
« cervicali simul discissâ effluens,... totus venosus pariter et
« atri coloris apparebit, non aliter quam si venâ jugulari
« pertusâ profusus fuisset... » (P. 184.)

3. « Postremò, ne quis ultrà vel dubitandi locus supersit,

Enfin, et voici une expérience qui ne le cède en beauté qu'aux plus belles de Bichat : qu'on ouvre la poitrine d'un chien vivant, le poumon s'affaisse et ne reçoit plus d'air, le sang de la *veine pulmonaire* est noir ; qu'on souffle de l'air, et le sang devient rouge ; qu'on suspende l'insufflation, et il redevient noir ; qu'on la reprenne, et il redevient rouge [1].

« experiri animum subiit in cane strangulato, postquam sensus « illum et vita omnis deseruissent, an sanguis adhuc fluidus, « è venâ cavâ in dextrum cordis ventriculum et pulmones « impulsus, pariter floridus per venam pneumonicam totus « rediret ; itaque propulso sanguine, atque insufflatis simul « pulmonibus, exspectationi eventus optimè respondebat, « quippè æquè purpureus in patinam excipiebatur, ac si ex « arteriâ viventis effusus fuisset. » (P. 185.)

1. « Expertus sum sanguinem, qui totus venosi instar sub- « nigricante colore pulmones intrarat, arteriosum omninò et « floridum ex illis rediisse, si enim abscissâ anteriore parte « pectoris, et folle in asperam arteriam immisso, pulmonibus « continenter insufflatis,... vena pneumonica prope auriculam « sinistram pertundatur, sanguis totus purpureus et floridus « in admotum vasculum exsiliet ; atque quamdiù pulmonibus « recens usque aer hoc modo suggeritur, sanguis ad plures « uncias, imò libras, per totum coccineus erumpet, non aliter « quam si ex arteriâ vulnerat â exciperetur... » (P. 186.) — « Une des meilleures méthodes, dit Bichat, pour bien juger « de la couleur du sang est, à ce qu'il me semble, celle « dont je me suis servi. Elle consiste à adapter d'abord à la « trachée-artère, mise à nu et coupée transversalement, un

C'est donc dans le poumon seul, et par l'air
seul, que le sang noir se change en sang rouge ;
et, des quatre erreurs principales de Galien, il
n'en subsiste plus une seule. Toutes les quatre
sont détruites ; et à la destruction de chacune
s'attache la gloire d'un homme : d'Aselli, qui
nous apprend que le chyle est pris par des
vaisseaux propres, et non par les veines ; de
Pecquet, qui nous apprend qu'il va au cœur, et
non pas au foie ; de Stenon, qui nous apprend
que le cœur est un simple muscle, et non l'organe de la chaleur ; de Lower, qui nous apprend

« robinet que l'on ouvre ou que l'on ferme à volonté... On
« ouvre, en second lieu, une artère quelconque, la carotide,
« la crurale, etc., afin d'observer les altérations diverses de
« la couleur du sang... » (*Recherches physiologiques sur la
vie et la mort. — De la mort des organes par celle du poumon*, art. VIII, § I.) — « 1° Adaptez un tube à robinet à la
« trachée-artère, mise à nu et coupée transversalement en
« haut ; 2° ouvrez l'abdomen de manière à distinguer les in-
« testins, l'épiploon, etc. ; 3° fermez ensuite le robinet. Au
« bout de deux ou trois minutes, la teinte rougeâtre qui
« anime le fond blanc du péritoine, et que cette membrane
« emprunte des vaisseaux rampants au-dessous d'elle, se chan-
« gera en un brun obscur, que vous ferez disparaître et re-
« paraître à volonté, en ouvrant le robinet ou en le refer-
« mant. » (*Ibid. De la mort du cœur par celle du poumon*,
art. VI, § II.)

que c'est dans le poumon, et non dans le foie, que se fait l'élaboration définitive du sang, la conversion finale du sang noir en sang rouge.

Voilà pour les quatre erreurs principales de la théorie de Galien. Il ne reste plus que les deux accessoires : celle des *esprits* et celle de la *chaleur innée*. Voyons, d'un coup d'œil rapide, comment elles sont tombées.

Des esprits.

On sait que, des trois *esprits* de Galien, les modernes n'en ont adopté qu'un seul, l'*esprit animal*. « Les anciens admettaient, dit Bordeu, « des esprits de trois sortes; et il n'est pas aisé de « savoir par quelle fatalité les naturels et les « vitaux n'ont pas pu se conserver et ont suc- « combé, tandis que les animaux ont subsisté [1].» J'en demande pardon à Bordeu. Rien n'est plus aisé à savoir. C'est que Descartes fit entrer les *esprits animaux* dans sa philosophie, et n'y fit pas entrer les deux autres. Toute la fortune des *esprits animaux*, parmi nous, tient à la philo-

1. *Recherches anatomiques sur la position des glandes et sur leur action*, § xxxiv.

sophie de Descartes. Tant que cette philosophie
a subsisté, ils ont subsisté; et, quand elle est
tombée, ils sont tombés. Je dis *quand cette philosophie est tombée*, je parle de l'extérieur de
cette philosophie, de ses formes, de ses explica-
tions, de ses mots, des emprunts qu'elle faisait à
une physiologie, à une physique imparfaites;
car, pour l'essentiel, pour le fond, je veux dire
pour son esprit et pour sa méthode, elle n'a
pu tomber. Bien loin de là, plus on étudiera
l'homme, ce qui est réellement l'homme : la
raison, l'âme, plus on sentira combien la philosophie de Descartes est vraie, et, ce qui est ici
un élément de la vérité, combien elle est grande.

De la chaleur innée.

De toutes les erreurs de Galien, ou, à parler
plus exactement, de la physiologie ancienne
(car ceci n'est plus seulement l'erreur de Galien, c'est l'erreur de Galien, d'Aristote, d'Hippocrate, de l'antiquité entière), de toutes les
erreurs de la physiologie ancienne, celle qui a le
plus duré est celle de la *chaleur innée*. Elle n'a

cédé qu'à la chimie nouvelle ; et encore n'a-t-elle pas immédiatement cédé.

Malgré les miracles de la chimie nouvelle : décomposant l'air, séparant dans l'air le principe respirable de celui qui ne l'est pas, montrant dans le principe respirable le principe de la coloration du sang, et, dans la décomposition de l'air par la respiration, la source de la chaleur animale, plus d'un vieux physiologiste résiste encore.

Fabre, physiologiste ingénieux, mais à idées courtes (et dont la plus courte est celle, que Broussais lui devait emprunter, de l'*irritation*, prise pour cause unique de tous les phénomènes de la vie), Fabre soutient que la *chaleur animale*, simple effet de l'*irritabilité*, a pour foyer le cœur, l'organe le plus *irritable* de l'économie [1].

Barthez, physiologiste profond, mais qui tire

1. « J'ai cru devoir attribuer la chaleur animale à l'irri-
« tabilité. » (*Essai sur les facultés de l'âme*, 1787, p. 40.) « Le
« cœur, par la multitude de ses fibres, par la force de leurs
« contractions, doit être regardé comme le principal foyer
« d'où émane la chaleur qui est répandue par le sang dans
« toutes les parties. » (*Ibid.*, p. 41.)

les phénomènes physiques d'une force métaphysique [1], soutient que la chaleur est une *affection du principe vital*, affection *génératrice de la chaleur* [2], et que l'air respiré *rafraîchit* le sang [3].

Fouquet, le grand fondateur des études cliniques en France, disait des théories nouvelles : « Ce sont de jeunes personnes, et me voilà de-« venu si vieux, que ce n'est pas la peine de faire « connaissance avec elles. » Que d'hommes ont pu dire ce qu'il disait! Ajoutez que ce même Fouquet, si froid pour les idées nouvelles, était plein de feu pour les idées anciennes. Assis dans sa chaire de professeur, il ne prononçait jamais le nom d'Hippocrate sans ôter sa toque. Les érudits en tout genre ressemblent un peu à celui de La Bruyère : ils ont presque vu la tour de Babel, ils ne verront pas Versailles.

1. Voyez, sur ce vice de philosophie, mon *Histoire des idées et des travaux de Buffon*, p. 109 (seconde édition).

2. ..... « L'affection du principe vital, qui est régénératrice « de la chaleur... » (*Nouveaux éléments de la science de l'homme*, Paris, 1806, t. I, p. 304.)

3. « A la suite des effets que l'air, nouvellement respiré, « produit à la surface des vaisseaux aériens du poumon qu'il « rafraîchit... » (*Ibid.*, p. 303.)

IV

De Sarpi et des valvules des veines

Je n'ai dit qu'un mot de Sarpi[1]. Ce mot n'était pas assez.

Le savant auteur d'une très-remarquable analyse du livre de M. Bianchi-Giovini sur Sarpi, publiée dans la *Revue de Londres et de Westminster*[2], vient de rouvrir un débat qui semblait jugé[3].

D'une part, M. Giovini produit en faveur de Sarpi un document nouveau, d'autre part, l'auteur de l'analyse que je rappelle, après avoir mis en sûreté la gloire d'Harvey (c'était son premier souci), devient beaucoup plus accommodant sur le reste, et ne paraît même que trop facile quand

1. Ci-devant, p. 37.
2. N° d'avril 1838.
3. Voyez, ci-devant, p. 38, l'opinion même d'un maître de la critique italienne, de Tiraboschi.

11.

il ne s'agit plus que de Fabrice d'Acquapendente.

Je l'ai déjà dit[1] : la découverte de la circulation du sang n'appartient pas à un seul homme.
Cette grande découverte n'a été faite que peu à
peu, et partie par partie; plus de vingt anatomistes y ont concouru.

Harvey démontre la circulation du sang;
mais il vient de Padoue, où il a eu pour maître
Fabrice d'Acquapendente, qui a découvert les
valvules des veines; mais dans cette même Université de Padoue, où s'est formé le premier
germe de toutes les idées d'Harvey[2], professait
naguère Realdo Colombo, qui a découvert la
circulation pulmonaire; mais Padoue n'est pas
loin de Pise, où Césalpin, dans un éclair de
génie, entrevoyait la circulation pulmonaire, et,
dans un autre éclair, la circulation générale[3].

Dans la découverte de la circulation du sang,

1. Ci-devant, ch. 1er, p. 13.

2. Harvey a laissé deux ouvrages fondamentaux, l'un sur
la *circulation* et l'autre sur la *génération :* pour le premier,
il est parti de la découverte des valvules, faite par Fabrice,
et, pour le second, de l'ouvrage de ce même Fabrice sur la
*formation de l'œuf et du fœtus. (De formato fœtu et De
formatione ovi et pulli.)*

3. Voyez, ci-devant, p. 30 et suiv.

le point difficile était de lier les diverses parties,
et, si je puis ainsi parler, les diverses pièces,
successivement aperçues, en un tout; le point
difficile était de saisir l'ensemble du phénomène, du mécanisme; et c'est parce qu'Harvey
est le premier qui ait nettement et complète-
ment saisi cet ensemble que la grande gloire lui
est restée.

De Sarpi.

Il y a, relativement à Sarpi, deux questions:
la première est de savoir lequel des deux, de
Fabrice ou de lui, a découvert les valvules des
veines; la seconde est de savoir s'il a connu la
circulation. Selon ses partisans, il a découvert
les valvules et connu la circulation; et, selon
moi, il n'a ni connu la circulation ni découvert
les valvules.

De Sarpi et des valvules des veines.

On dit donc que Sarpi a découvert les valvules
des veines. Mais qui dit cela? C'est le Père Ful-

gence, le compagnon, l'ami, l'historien enthousiaste du Père Sarpi.

« Plusieurs hommes très-savants et de très-
« éminents médecins vivent encore, nous dit
« Fulgence, qui savent très-bien que la décou-
« verte des valvules n'est pas de Fabrice d'Ac-
« quapendente, mais du Père, *ma dal Padre*,
« lequel, considérant la pesanteur du sang, vint
« à penser qu'il ne pourrait rester *suspendu*,
« comme il l'est, dans les veines, s'il n'y était
« retenu par quelque digue ou par quelque ob-
« stacle, et là-dessus, s'étant mis à faire des
« recherches, il trouva les valvules et leur
« usage [1]. »

Or, voici quel est cet usage : « C'est, selon

1. « Sono ancora viventi molti eruditissimi e eminentis-
« simi medici, tra questi Santorio Santorio e Pietron Asse-
« lineo, francese, che sanno che non fu speculatione, nè in-
« ventione dell' Acquapendente, ma dal Padre, il quale con-
« siderando la gravità del sangue, venne in parere che non
« potesse stare sospeso nelle vene, senza che vi fosse argine
« che lo ritenesse, e chiusure, ch' aprendosi et risserrandosi
« gli dassero il flusso, e l' equilibrio necessario alla vita. E
« con questo natural giuditio si pose à tagliare con isqui-
« sitissima osservatione, e ritrovò le valvule, e gl' usi loro... »
(*Opere del Padre Paolo dell' Ordine dei Servi*, etc., 1687 :
Vita dal Padre, p. 44.)

« Fulgence, c'est-à-dire selon Sarpi, non-seule-
« ment d'empêcher que le sang, par son poids,
« distende les veines et y forme des varices,
« mais encore que, par son cours trop rapide et
« sa trop grande quantité, il n'étouffe la chaleur
« des parties qui doivent s'en nourrir [1]. »

Concluons du moins, avant de quitter Fulgence, que Sarpi n'a pas connu l'usage des valvules. Les valvules s'opposent à la rétrograda-
tion du sang, mais point du tout à sa marche
rapide; et je n'ai pas besoin d'ajouter que ce
n'est pas du sang des veines que les parties se
nourrissent.

Après Fulgence vient Gassendi.

« Je ne l'eus pas plutôt averti, nous dit Gas-
« sendi dans sa *Vie de Peiresc*, que Guillaume
« Harvey, médecin anglais, venait de publier
« un livre très-remarquable sur le passage con-
« tinuel du sang des veines dans les artères et,
« de nouveau, des artères dans les veines par

---

1. ... « Perche non solamente prohibiscono ch' el sangue
« per la gravità non dilati le vene, à guisa di varice, mà
« anco à fine che con troppo impeto scorrendo, et in sover-
« chia quantità, non soffochi il calor delle parti, che desso si
« debbono nutrire. » (*Ibid.*, p. 45.)

« des anastomoses imperceptibles, et qu'entre
« autres arguments il tirait grand parti, pour
« confirmer ce passage, des valvules des veines,
« dont lui-même avait entendu quelque chose
« de Fabrice d'Acquapendente, et se souvenait
« que le Père Sarpi, Servite, était le premier
« inventeur, qu'il voulut avoir le livre, et cher-
« cher les valvules, et connaître tout le reste[1]. »

Ainsi donc c'est Gassendi qui rappelle à Peiresc que Fabrice lui a parlé des valvules, et que
lui, Peiresc, se souvient que c'est Sarpi qui les
a découvertes. Mais qui donc avait dit cela à
Peiresc? Apparemment, ce n'était pas Fabrice.
Ne serait-ce pas le Père Fulgence?

Du souvenir de Peiresc on passe à un autre
souvenir, à ces quelques mots échappés à la

1. « Cùm simul monuissem Gulielmum Harvæum, medi-
« cum anglum, edidisse præclarum librum de successione
« sanguinis ex venis in arterias et ex arteriis rursùs in venas
« per imperceptas anastomoses, inter cetera verò argumenta
« confirmasse illam ex venarum valvulis, de quibus ipse
« inaudierat aliquid ab Acquapendente, et quarum inven-
« torem primum Sarpium Servitam meminerat, ideò statim
« voluit et librum habere, et eas valvulas explorare et alia
« internoscere..... » (*Viri illustris Nicolai Claudii Fabricii
de Peiresc Vita* per Petrum Gassendum..... 1641, p. 222.)

plume rapide et conteuse de Thomas Bartholin.
Thomas Bartholin voyage ; il est en ce moment
à Padoue ; il écrit de Padoue à Jean Walæus,
professeur à Leyde : il faut bien qu'il ait quelque
chose à conter de Padoue. Il conte donc « qu'il
« tient enfin de Vesling le secret de la décou-
« verte de la circulation du sang, secret qui ne
« doit être révélé à personne : *nulli revelandum*,
« savoir, que c'est une invention du Père Paul,
« Vénitien (duquel Acquapendente a tiré aussi
« la découverte des valvules des veines), comme
« il l'a vu sur un manuscrit du Père Paul, que
« conserve à Venise son disciple et son succes-
« seur le Père Fulgence [1]. » Toujours le Père
Fulgence !

Et d'ailleurs, pourquoi ce secret ne devait-il
être révélé à personne : *nulli revelandum ?* Pourquoi même était-ce un secret ? Ce n'était sûre-

---

1. « De circulatione Harvejanâ secretum mihi aperuit Ves-
« lingius, nulli revelandum ; esse nempe inventum Patris
« Pauli, veneti (à quo de ostiolis venarum sua habuit Acqua-
« pendens), ut ex ipsius autographo vidit, quod Venetiis
« servat P. Fulgentius, illius discipulus et successor..... »
Patavio, 30 oct. 1642. (Thom. Barthol. *Epist. med.*, cent. I,
epist. XXVI.)

ment pas un péché que d'avoir découvert la
circulation du sang ou les valvules des veines.
Enfin, pourquoi le révéler, s'il ne devait pas être
révélé? Pourquoi surtout attendre, pour faire
cette révélation, la mort de Fabrice[1]?

Fabrice n'avait pas attendu la mort de Sarpi
pour dire hautement et simplement qu'il avait
découvert les valvules. « Ce qui d'abord étonne,
« dit-il, c'est que ces valvules aient échappé
« jusqu'ici à tous les anatomistes, tant anciens
« que modernes, et tellement échappé que non-
« seulement il n'en a été fait aucune mention,
« mais que personne même ne les avait vues
« avant l'année 1574, où je les ai observées
« pour la première fois avec une grande joie :
summâ cum lætitiâ [2]. »

1. La lettre de Thomas Bartholin est de 1642, et la mort
de Fabrice de 1619.
2. « De his itaque in præsentiâ locuturis, subit primum
« mirari quomodo ostiola hæc, ad hanc usque ætatem tam
« priscos quam recentiores anatomicos adeò latuerint, ut non
« solum nulla prorsus mentio de ipsis facta sit, sed neque
« aliquis priùs hæc viderit quàm anno Domini septuagesimo
« quarto, suprà millesimum et quingentesimum, quo à me
« summâ cum lætititiâ, inter dissecandum, observata fuere. »
(Hieron. Fab. ab Acquap., *De venarum ostiolis*.) — Voyez,

Lorsque Fabrice écrivait ceci, Sarpi avait vingt-deux ans [1]. Sarpi survécut quarante-neuf ans à la déclaration de Fabrice ; et non-seulement ni lui, ni le Père Fulgence, ni aucun autre de ses amis, n'éleva jamais la voix contre Fabrice, mais ceux-ci, au contraire, tenaient, comme on vient de le voir, leur secret très-caché ; ils se prescrivaient de ne pas le révéler ; ils le révélaient cependant, et malheureusement ils ne le révélaient qu'après la mort de Fabrice.

Ajoutez, et ceci est le point décisif, que Fabrice était non-seulement un anatomiste consommé, un homme supérieur dans une science donnée, mais un très-honnête homme. Harvey l'appelle un vénérable vieillard : *venerabilis senex.*

« C'est, dit Harvey, le très-illustre Jérôme « Fabrice d'Acquapendente, anatomiste très- « habile et vénérable vieillard, qui le premier a « vu, dans les veines, des valvules membra-

ci-devant, p. 37. — Je reproduis ici quelques-unes de mes citations précédentes pour que le lecteur ait constamment sous l'œil les preuves du débat qui m'occupe.

1. Il était né en 1552, et mourut en 1623.

« neuses de figure sigmoïde ou semi-lu-
« naire [1]... »

Les partisans de Sarpi comptent jusqu'à cinq
témoignages pour lui : d'abord celui de Fulgence, puis celui de Peiresc, puis celui de Vesling, puis celui de Thomas Bartholin, et enfin
celui de Jean Walæus.

Mais, si j'excepte le témoignage de Peiresc,
dont je ne vois pas bien l'origine, tous les autres
n'en font qu'un.

Car c'est Fulgence qui, en montrant le manuscrit de Sarpi à Vesling, lui a confié le secret; c'est Vesling qui a transmis ce secret à
Thomas Bartholin, et c'est Thomas Bartholin
qui l'a communiqué à Jean Walæus.

Restent donc deux témoignages distincts :
celui de Peiresc et celui de Fulgence.

A ces deux-là, j'en oppose deux aussi : en
premier lieu, celui d'Harvey, que je viens de

---

1. « Clarissimus Hieronym. Fab. ab Acquapendente, pe-
« ritissimus anatomicus et venerabilis senex, primus in venis
« membraneas valvulas delineavit, figurâ sigmoïdes, vel se-
« milunares portiunculas tunicæ interioris venarum, emi-
« nentes et tenuissimas... » (*Exerc. anat. de motu cordis et
sanguinis*, cap. XIII.)

citer, homme plus compétent, sur le sujet dont
il s'agit, que Peiresc ou Fulgence ; et, en second lieu, celui de Gaspard Bauhin, l'immortel auteur du *Pinax*, élève, comme Harvey, de Fabrice, et qui, dans son *Traité
d'anatomie*, publié en 1592, s'exprime ainsi :
« Nous ne trouvons personne qui ait fait men-
« tion des valvules avant le célèbre Fabrice
« d'Acquapendente, notre maître en anatomie,
« *anatomicum præceptorem nostrum*, qui, il
« y a dix-huit ans, les a, pour la première
« fois, démontrées dans l'amphithéâtre de Pa-
« doue[1]. »

Morgagni, l'historien le plus savant, et, tout à
la fois, le critique le plus attentif qu'ait eu l'a-
natomie, Morgagni a connu, a vu, a pesé tous
les prétendus témoignages que l'on invoque, et
tout cet appareil n'a point ébranlé son jugement.
Morgagni a conclu, comme je conclus, que l'au-

---

1. « Neminem legimus qui earum fecerit mentionem ante
« cl. anatomicum Hieronymum Fabricium ab Acquapen-
« dente, patavinum, anatomicum præceptorem nostrum qui
« antè annos octodecim eas in patavino theatro demonstravit,
« et ipsimet demonstrari vidimus ab eodem antè annos qua-
« tuordecim. » (*Anatomes liber* II.)

teur de la découverte des valvules des veines
n'est point Sarpi, mais Fabrice[1].

De Sarpi et de la circulation du sang.

Ceux qui, admettant les témoignages que 'je
combats, quand il s'agit de Fabrice, croient
pouvoir ensuite les rejeter quand il s'agit d'Harvey, se font une singulière illusion. Ces témoignages ne sont pas divisibles.

« La découverte de la circulation, dit Ves-
« ling, est une invention du Père Paul, duquel
« Fabrice a tiré aussi le fait des valvules[2]. »

« C'est dans ce siècle, dit Jean Walæus, que
« l'incomparable Paul, Servite, a connu les val-
« vules des veines, publiquement démontrées
« ensuite par le grand anatomiste Fabrice, et
« que de leur disposition il a conclu le mouve-
« ment du sang... Instruit par ce Servite : *ab*
« *hoc Servitâ edoctus,* le très-docte Guillaume
« Harvey a mieux étudié encore ce mouvement,
« et l'a publié sous son nom[3]. »

1. Voyez la XVe des *Lettres de Morgagni sur Valsalva.*
(*Epist. anat. duodeviginti ad script. pertinent. Valsalvæ.*)
2. Voyez, ci-devant, p. 131.
3. « Hoc seculo denuò vir incomparabilis Paulus, Servita,

Comment séparer ici Harvey de Fabrice? Et notez bien que, tandis que cela s'écrivait, Harvey vivait encore; mais notez bien aussi, et à sa louange, qu'il eut le bon sens de n'en tenir aucun compte [1].

Quand les ennemis d'Harvey se furent bien convaincus qu'il ne répondrait pas, ils l'attaquèrent moins : ils se lassèrent eux-mêmes d'un bruit inutile. Et ce même Thomas Bartholin, qui, dans sa lettre à Jean Walæus, datée de 1642, avait révélé le fameux secret, écrivait, quelques années plus tard, en 1673, ce que l'on va lire :

« Dans le dernier siècle, Césalpin a deviné « quelque chose de la circulation; mais, dans le « nôtre, l'honneur de la première découverte,

« venetus, valvularum in venis fabricam observavit accu-
« ratius, quam magnus anatomicus Fabricius ab Acquapen-
« dente posteà edidit, et ex eà valvularum constitutione
« aliisque experimentis hunc sanguinis motum deduxit,
« egregioque scripto asseruit, quod etiamnum intelligo apud
« Venetos asservari... Ab hoc Servità edoctus vir doctissimus
« Gulielmus Harvejus sanguinis hunc motum accuratius in-
« dagavit, inventis auxit, probavit firmius, et suo divulgavit
« nomine. » (*De motu chyli et sanguinis*, etc.)

1. De tous ses adversaires, Riolan est le seul à qui jamais il ait répondu. — Voyez, ci-devant, p. 110.

« *laus primæ inventionis*, est dû à Harvey, An-
« glais... Il est vrai que le Père Fulgence en a
« trouvé quelque chose dans les papiers de Paul
« Sarpi, d'où est née l'occasion de conjecturer
« que Sarpi avait ouvert la voie à Harvey : c'est
« tout simplement qu'Harvey, ainsi que je l'ai
« appris de ses amis, avait été lié avec Sarpi,
« qu'il lui avait communiqué ses pensées tou-
« chant le mouvement du sang, et que celui-ci
« en avait pris et conservé note dans ses papiers,
« selon son usage... Tout le monde reconnaît
« Harvey pour le premier auteur de la décou-
« verte : *Harvejo omnes applaudunt circulatio-*
« *nis auctori* [1]. »

1. « Priori seculo Cæsalpinus aliquid de eâ (de circulatione)
« divinavit,... sed clarius nostro seculo innotuit Harvejo,
« Anglo, cui primæ inventionis, promulgationis et per varia
« argumenta et experimenta probationis, prima laus meritò
« debetur... Quamquam P. Fulgentius in schedis Pauli Sarpæ,
« veneti, aliquid hâc de re invenerit, unde suspicandi orta
« est occasio Sarpam Harvejo viam monstrasse ; sed, sicut
« ab amicis Harveji accepi, familiaris hic illi fuit, unde cum
« has de sanguinis motu cogitationes illi communicasset,
« Sarpa in schedis retulit more suo, posterisque ansam du-
« bitandi subministravit. At Harvejo omnes applaudunt, *cir-*
« *culationis* auctori. » (Thomæ Bartholini, *Anatome*, etc. ;
Libell. de venis : Leyde, 1673.)

Et voilà le thème retourné. Dans la *lettre* de Thomas Bartholin, c'est de Sarpi qu'Harvey tient la découverte; et dans le *livre* de Thomas Bartholin, c'est d'Harvey que Sarpi la tient. Après cela, comptez sur les secrets et les confidences pour écrire l'histoire.

Je viens au document nouveau produit par M. Bianchi-Giovini : c'est une lettre de Sarpi. Sarpi était un homme d'une capacité prodigieuse; il avait cette perspicacité qui devine; il était capable de tout découvrir. Ce n'est pas une raison pour qu'il ait tout découvert, et l'on peut là-dessus ne pas s'en rapporter à Fulgence [1].

Voici cette lettre ou plutôt ce fragment de lettre, car ce n'est qu'un fragment, mais qui frappe par les traits, qui s'y pressent, d'une pénétration supérieure : « Quant à vos exhorta-« tions, je dois vous dire que je ne suis plus, « comme autrefois, dans une position qui me

---

1. « Eà Sarpius fuit ingenii vi, eo studio, eà industrià, so-« lertià, sagacitate, ut tametsi in omnibus propemodum « scientiis atque artibus, non ea omnia quæ ipsi in Vità istà « (la *Vie de Sarpi* par Fulgence) tribuuntur (nihil autem « fere non tribuitur) primus deprehendere... posset. » (Morgagni : XVᵉ *Lettre sur Valsalva*.)

« permette de charmer mes heures de silence
« en faisant des observations anatomiques sur
« des agneaux, des chèvres, des vaches et d'au-
« tres animaux : si je le pouvais, je serais, en ce
« moment, plus désireux que jamais d'en ré-
« péter quelques-unes, à cause du noble pré-
« sent que vous m'avez fait du grand et bien
« utile ouvrage de l'illustre Vésale. Il y a réelle-
« ment une grande analogie entre les choses
« déjà remarquées et notées par moi à l'égard
« du mouvement du sang dans le corps animal
« et de la structure ainsi que de l'usage des val-
« vules, et ce que je trouve avec plaisir indiqué,
« quoique moins clairement, dans le livre VII,
« chapitre xix, de cet ouvrage. On peut inférer
« de là que, par l'insufflation d'un air nouveau
« dans la trachée d'hommes mourants, ou de
« ceux dans lesquels les fonctions vitales parais-
« sent avoir cessé, nous réussirions à rendre à
« leur sang le mouvement perdu et à prolonger
« leur vie pendant quelque temps. S'il en est
« ainsi, et l'on n'en peut plus douter après les
« expériences de ce grand anatomiste, je suis
« plus que jamais confirmé dans l'opinion que

« l'air que nous respirons contient un principe
« ou agent capable de vivifier le fluide sanguin,
« et de rétablir son mouvement dans ceux qui
« sont surpris par des évanouissements mortels
« ou asphyxiés par les vapeurs pernicieuses qui
« s'exhalent des tombes,.... un agent, en un
« mot, tel que celui indiqué par l'Écriture dans
« les mots : *anima omnis carnis* (c'est-à-dire de
« toute chose vivante) *in sanguine est*, duquel
« aussi parlèrent plusieurs philosophes anciens,
« et, plus près de notre temps, Marsile Ficin,
« Pic de la Mirandole, etc., etc. »

Voilà Sarpi! Il a connu les valvules; il a mé-
dité sur le mouvement du sang; de quelques
expériences de Vésale sur l'insufflation de l'air
dans la trachée pour entretenir les mouvements
du cœur, il conclut la présence dans l'air d'un
principe, vif, actif, pénétrant, d'un *air vital*, de
notre *oxygène;* il conclut et semble prédire, car
tout ceci est de lui [1] et lui vient tout à coup, il

---

1. La belle expérience de Vésale n'était qu'une expérience
de simple étude. Pour examiner le mouvement du cœur,
Vésale ouvrait la poitrine, et, quand il voyait la vie près de
s'éteindre, il la ranimait et l'entretenait par l'insufflation de·
l'air dans la trachée... « Ut verò vita animali quodammodo

prédit jusqu'au parti qu'on pourra tirer un jour de cet *agent*, encore inconnu, pour ranimer les mouvements du cœur prêts à s'éteindre et ramener les asphyxiés à la vie. Que de sagacité, que de perspicacité, quelle puissance de vue, et que, dans quelques élus de Dieu, l'esprit humain a de force !

Si dans ces quelques lignes Sarpi nous eût dit : « J'ai découvert les valvules, » à mes yeux tout serait fini ; je proclamerais Sarpi l'auteur de la découverte des valvules ; le génie a toujours droit d'être cru ; mais Sarpi se borne à dire qu'il les connaît, et qu'il a dans le temps écrit quelques *notes* sur leur *structure* et sur leur *usage*, et, de plus, le fragment de lettre où il parle ainsi est évidemment postérieur à la publication de Fabrice.

Ce fragment est sans date ; mais il est, ce me

« restituatur, foramen in asperæ arteriæ caudice tentandum
« est, cui canalis ex calamo aut arundine indetur, isque
« inflabitur, ut pulmo assurgat, ipsumque animal quodam-
« modo acrem ducat : levi enim inflatu in vivo hoc animali
« pulmo tantum quanta thoracis erat cavitas intumet, corque
« vires denuò assumit, et motûs ipsius differentia pulchrè
« evariat... » (Vesalii, *De corp. hum. fabr.* lib. VII, cap. xix.)

semble, facile de reconnaître qu'il n'a pu être
écrit avant la démonstration des valvules, faite
par Fabrice, et ce point suffit pour l'objet présent. « Je ne suis plus, comme autrefois, dans
« une position... » dit Sarpi. Or, quand cet *autrefois* n'irait qu'à quatre ou cinq ans, et il est
difficile qu'il aille à moins, Sarpi, qui n'avait
que vingt-deux ans en 1574, lorsque Fabrice
démontrait publiquement les valvules, n'en aurait donc eu que dix-huit ou dix-sept lorsqu'il
aurait découvert, à un âge où l'on pense si peu
sur le mécanisme profond du corps animal, une
des structures les plus cachées de cet organisme.
Le fait est peu vraisemblable [1]. Sarpi a connu
les valvules, et ne les a pas découvertes.

1. Mais, me dit-on, Fabrice lui-même cite ailleurs, et avec
de grands éloges, une observation de Sarpi. Le cas est très-
différent : d'abord, l'observation pour laquelle Fabrice cite
Sarpi n'a été faite que beaucoup plus tard; en second lieu,
elle a été faite à l'instigation de Fabrice; en troisième lieu,
enfin, il ne s'agit plus d'une observation d'anatomie profonde,
de structure cachée : il s'agit tout simplement du jeu différent de l'*iris* sous une faible ou sous une forte lumière.....
« Re igitur cum amico quodam nostro communicatâ, ille tan-
« dem fortè id observavit, scilicet nonmodo in cato, sed in
« homine et quocumque animali, foramen uveæ in majori
« contrahi luce, in minori dilatari. Quod arcanum observa-

144   DES VALVULES DES VEINES

Je vais plus loin pour ce qui regarde la circulation : il ne l'a pas même connue.

« Il y a une grande analogie, dit-il, entre les
« choses observées et notées par moi à l'égard
« du mouvement du sang et de l'usage des val-
« vules, et ce que je trouve indiqué, quoique
« moins clairement, dans Vésale. » Mais Vésale
n'a rien su des valvules; il n'a connu du mouvement du sang que la partie du phénomène
qui se passe dans les artères [1], et il s'est complétement trompé sur la marche du sang dans les
veines : « le sang, dit-il, est porté dans tout le
« corps par les veines [2]. » C'était l'inverse qu'il

« tum est, et mihi significatum à Rev. Patre Magistro Paulo
« veneto, Ordinis ut appellant Servorum Theologo, philoso-
« phoque insigni, sed mathematicarum disciplinarum, præ-
« cipuèque optices, maximè studioso, quem hoc loco honoris
« gratià nomino... » (*De oculo*, etc., pars III, cap. VI.)

1. Galien avait très-bien prouvé que le sang est contenu
dans les artères : *sanguinem in arteriis contineri* (voyez ci-
devant, pag. 15 et suiv.); mais cela avait été oublié, et l'on
croyait, dans l'école, que les artères ne contenaient que l'*esprit vital.* Vésale prouva, de nouveau, que les artères contenaient le sang : « atque ità... observatur in arteriis sangui-
« nem naturà contineri, si quandò arteriam in vivis aperi-
« mus. » (*De corp. hum. fabr.*, p. 568.)

2. « Ceterùm in venarum usu inquirendo, vix quoque
« vivorum sectione opus est : quum in mortuis affatim dis-

fallait dire : il est porté dans tout le corps par les artères, et il en est rapporté par les veines. Comment Sarpi, s'il connaissait la véritable marche du sang, ne s'est-il pas aperçu de l'erreur de Vésale ; et comment, s'il s'en est aperçu, a-t-il pu dire qu'il y avait une grande analogie entre les idées de Vésale et les siennes? Les siennes n'étaient donc ni plus avancées ni plus justes que ne l'étaient celles de Vésale.

Et l'on a droit d'en être surpris. Car, tandis que Sarpi écrivait, à Padoue, touchant la circulation du sang, ces lignes si incertaines, Césalpin écrivait, à Pise, cette phrase si précise et si claire : «Le sang conduit au cœur par les veines, « y reçoit sa dernière perfection, et, cette per-« fection acquise, il est porté par les artères dans « tout le corps [1]. »

Encore une fois [2], pouvait-on mieux conce-

« camus eas sanguinem per universum corpus deferre, et « partem aliquam non nutriri in quà insignis vena in vul-« neribus præscinditur. » (*Ibid.*)

1. « In animalibus videmus alimentum per venas duci ad « cor tanquam ad officinam caloris insiti, et, adeptâ inibi « ultimâ perfectione, per arterias in universum corpus dis-« tribui... » (*De plantis*, lib. I, cap. II, p. 3. Florence, 1583.)

2. Voyez, ci-devant, p. 35.

voir et mieux définir la *circulation?* Le véritable devancier d'Harvey, ce n'est pas Sarpi, c'est Césalpin, et ici il n'y a rien à cacher : on peut révéler le secret à tout le monde.

D'Harvey et du véritable usage des valvules.

Fabrice ne vit pas l'usage des valvules. Il crut qu'elles n'en avaient d'autre que de prévenir la trop grande distension de la tunique fine des veines [1] : c'est pourquoi, disait-il, les artères, qui ont des tuniques très-fortes, n'ont pas de valvules [2].

Harvey a donc eu grandement raison, quand il a dit que personne avant lui, Harvey, n'avait connu l'usage des *valvules* [3]. Il faut lire là-

---

1. ... « Dicere procul dubio tutò possumus ad prohibendam
« quoque venarum distensionem fuisse ostiola à Summo
« Opifice fabrefacta : distendi autem ac dilatari facile po-
« tuissent venæ, cum ex membranosâ substantiâ eâque sim-
« plici ac tenui sint conflatæ... » (Fabr. ab Acquap.: *De venarum ostiolis.*)

2. « Arteriis autem ostiola non fuere necessaria, neque ad
« distensionem prohibendam propter tunicæ crassitiem ac
« robur... » (*Ibid.*)

3. « Harum valvularum usum inventor non est assecutus,
« neque alii, qui dixerunt, ne pondere deorsum sanguis in
« inferiora subitò ruat. Sunt namque in jugularibus deorsum

dessus et relire tout son xiiie chapitre, qui est son chapitre de génie. Fabrice, qui croit que le sang va, dans les veines, du cœur aux parties, en conclut que les valvules ont pour effet de ralentir le cours du sang, de l'empêcher de se précipiter dans les veines inférieures, d'y affluer, de les distendre, etc.

Vous ne voyez pas toute la portée de votre découverte, lui dit Harvey : vous croyez que les valvules se bornent à ralentir le cours du sang ; elles font bien plus, elles s'opposent complétement à ce qu'il aille dans le sens que vous supposez ; elles le forcent à aller en sens contraire. Remarquez donc, je vous prie, qu'elles sont toutes dirigées vers le cœur : elles contraignent donc le sang à marcher toujours vers le cœur [1],

« spectantes, et sanguinem sursum prohibentes ferri : nam
« ubique spectant à radicibus venarum versus cordis lo-
« cum... » (*Exercit. anatom. de motu cordis,* etc., cap. xiii.)
— « Si vous tentez, dit Fabrice, de pousser le sang en bas,
« vous le verrez manifestement arrêté par les valvules, et ce
« n'est pas autrement que j'ai été conduit à leur découverte :
« Si enim premere, aut deorsum fricando adigere sanguinem
« per venas tentes, cursum istius ab ipsis ostiolis intercipi,
« remorarique apertè videbis : neque enim aliter ego in hu-
« jusmodi notitiam sum deductus. » (*De venarum ostiolis.*)
1. ..... « Adeò ut venæ viæ patentes et apertæ sint regre-

à tourner sur lui-même, à revenir au point d'où il est parti, à revenir par les veines au cœur, d'où il est parti par les artères.

C'est là toute la *circulation*, Fabrice; et ce sont vos *valvules* qui la démontrent.

D'Harvey et de ses devanciers.

Les devanciers d'Harvey sont Fabrice, qui a découvert les valvules; Césalpin, qui a si bien défini la *circulation générale* [1]; ce même Césalpin, qui n'a pas moins bien défini la *circulation pulmonaire* [2]; c'est Realdo Colombo, qui, avant

« dienti sanguini ad cor, progredienti verò à corde omninò « occlusæ. » (*Exercit. anat. de motu cordis*, etc., cap. XIII.)

1. Césalpin est le premier qui ait vu, avec des yeux de physiologiste, ce fait si digne de remarque, et jusqu'à lui si peu remarqué, savoir que, dans la ligature du bras pour la saignée, la veine se gonfle toujours *au-dessous* et jamais *au-dessus* de la ligature. Voyez, ci-devant, p. 34.

2. « Idcircò pulmo per venam arteriis similem ex dextro « cordis ventriculo fervidum hauriens sanguinem, eumque « per anastomosim arteriæ venali reddens, quà in sinistrum « cordis ventriculum tendit, transmisso interim acre frigido « per asperæ arteriæ canales, qui juxtà arteriam venalem « protenduntur, non tamen osculis communicantes, ut putavit « Galenus, solo tactu temperat. Huic sanguinis *circulationi* « ex dextro cordis ventriculo per pulmones in sinistrum ejus- « dem ventriculum optimè respondent ea quæ ex dissectione

Césalpin, avait vu la *circulation pulmonaire* [1] ;
c'est Servet, qui l'avait vue avant Colombo.

De Némésius, évêque d'Émèse.

Je me borne à rappeler ici ces divers points ,
tous développés dans mes précédents chapitres.

Il est sûr que Servet a découvert la circulation pulmonaire ; mais il est également sûr que,
le livre absurde dans lequel cette belle découverte se trouve exposée ayant été brûlé presque
aussitôt qu'imprimé , Servet n'a influé sur aucun
de ses successeurs.

Dans l'ordre des dates influentes , Colombo
est donc le premier ; puis vient Césalpin, puis
Fabrice , et puis Harvey.

On a dit que Servet avait pu tirer quelque secours de Némésius, évêque d'Émèse [2]. On s'est

« apparent. Nam duo sunt vasa in dextrum ventriculum de-
« sinentia, duo etiam in sinistrum : duorum autem unum
« intromittit tantum, alterum educit, membranis eo ingenio
« constitutis... » (*Quæst. peripatetic.*, lib. V, cap. iv.)

1. Voyez, ci-devant, p. 30.

2. « .... Ces idées, il aurait pu les puiser dans un ouvrage
« de Némésius, intitulé *De naturâ hominis...* Cet évêque
« explique le phénomène de la circulation du sang comme
Servet... » (*Biog. univ.*, art. *Servet*.)

trompé. Servet n'a influé sur personne, mais aussi personne n'avait influé sur lui.

Némésius ne dit pas un mot de la *circulation pulmonaire*, si nettement expliquée par Servet; il parle du *pouls*, de la *chaleur animale*, de l'*esprit vital*, et parle de tout cela comme Galien. Il le suit en tout [1]. Le premier mérite de

1. « Pulsuum motus, qui vitalis facultas dicitur, initium
« habet à corde, et maximè à sinistro ejus ventriculo, qui
« spirabilis appellatur, et innatum vitalemque calorem omni
« parti corporis per arterias, ut jecur alimentum per venas,
« impertit... Nam spiritus vitalis ab eo per arterias in totum
« corpus dispergitur. Plerumque autem inter se hæc tria
« simul finduntur : vena, arteria, nervus, e tribus initiis
« quæ animal gubernant profecta. E cerebro, principio mo-
« vendi et sentiendi, nervus. E jecore, principio sanguinis
« et alentis facultatis, vena, vas sanguinis. E corde, princi-
« pio vitalis facultatis, arteria, vas spiritûs. Cùm autem
« hæc coeunt, mutuis inter se commodis fruuntur. Vena
« enim pastum suppeditat nervis et arteriæ. Arteria venæ
« calorem naturalem et spiritum vitalem impertit. Undè
« neque arteria inveniri potest sine tenui sanguine, neque
« vena sine spiritu, qui ad vaporis naturam accedat. Didu-
« citur autem vehementer, et contrahitur arteria, harmoniâ
« quàdam, et ratione, initio motûs à corde sumpto. Sed dum
« diducitur, à proximis venis vi trahit tenuem sanguinem,
« cujus respiratio fit alimentum spiritui vitali. Dum autem
« contrahitur, quod in se fuliginosi est per totum corpus et
« occulta foramina exhaurit, quomodo cor, per os, et nares,
« quidquid fuliginosi est, expirando sursum expellit. » Voilà

Servet est de n'avoir pas suivi Galien, de l'avoir
contredit, d'avoir vu autrement que lui et d'a-
voir bien vu. « Si quelqu'un compare (dit-il avec
« une juste confiance) ces choses avec ce qu'a
« écrit Galien dans ses livres VI et VII *de l'U-*
« *sage des parties*, il comprendra pleinement la
« vérité que Galien n'a pas aperçue. »

A un homme qui a eu le malheur d'être brûlé,
et d'être brûlé pour un livre absurde, il ne faut
rien ôter de l'honneur insigne d'avoir été le premier à laisser là Galien, à penser par lui-même
et à faire sortir de cet effort nouveau une découverte qui n'est encore, à la vérité, qu'une

---

tout ce que Némésius a dit. Ce *pouls*, qui tire son origine du
cœur; cette *chaleur vitale*, qui tire son origine du ventricule gauche; ces *artères*, qui portent la chaleur vitale partout et la tirent du *cœur;* ces *veines*, qui portent l'*aliment*
partout et le tirent du *foie*; ce trépied de la vie, le *cerveau*,
le *cœur* et le *foie*, etc., tout cela vient de Galien. (Voyez, ci-
devant, p. 86 et suiv.) Une ou deux lignes semblent marquer
une communication des veines avec les artères : « Sed dum
« diducitur (arteria) à proximis venis vi trahit sanguinem...
« Undè neque arteria inveniri potest sine tenui sanguine,
« neque vena sine spiritu... » Mais est-ce là un mécanisme
compris? Et mettez à côté, pour contre-partie, ce foie qui
porte partout l'aliment par les veines : « Jecur alimentum
« per venas impertit, etc., etc. »

vue incomplète , mais vue incomplète d'un phénomène dont la vue complète a suffi pour placer
Harvey au rang des grands hommes.

V

De Servet et de la formation des esprits

Servet a découvert la circulation pulmonaire.
Le fait est patent. J'ai rapporté (chap. Ier, page
23 et suiv.) le beau, l'immortel passage où il la
décrit beaucoup mieux que ne le firent, plusieurs années après lui, Colombo et Césalpin.
Leibnitz caractérise très-bien Césalpin par ces
mots : « André Césalpin, médecin, auteur de
« mérite, et qui a le plus approché de la circu-
« lation du sang, après Michel Servet. »

Ici deux choses étonnent. Comment Servet,
ailleurs si confus, a-t-il pu rencontrer cette lu-
cidité admirable de quelques pages? Et, d'un
autre côté, comment une découverte de physiologie, de pure et de profonde physiologie, se
trouve-t-elle dans un livre qui a pour titre : *La
Restitution du Christianisme* [1] ?

1. Christianismi restitutio. *Totius ecclesiæ apostolicæ est
ad sua limina vocatio, in integrum restituta cognitione Dei,*

Il y a longtemps que je désirais m'éclaircir
sur ce dernier point. L'obligeance de mon illustre et savant confrère à l'Institut, M. Ma-
gnin [1], m'en a fourni tous les moyens. J'ai vu,
j'ai touché le livre de Servet. Un exemplaire de
ce trop fameux livre est soigneusement conservé
dans notre bibliothèque; et, pour comble, cet
exemplaire, l'unique peut-être qui subsiste encore aujourd'hui, était l'exemplaire même de
Colladon, l'un des accusateurs suscités par l'impitoyable Calvin contre l'infortuné Servet. Il a
appartenu au médecin anglais Richard Mead,
célèbre par son *Traité des poisons*. Mead le
donna à de Boze. Il fut acquis plus tard par la
Bibliothèque royale à un très-haut prix. Colladon y a souligné les propositions sur lesquelles
il accusait Servet. Enfin, et pour dernier trait
d'une trop irrécusable authenticité, plusieurs
pages de ce malheureux exemplaire sont en

*fidei Christi, justificationis nostrœ, regenerationis baptismi
et cœnæ Domini manducationis. Restituto denique nobis regno cœlesti, Babylonis impiæ captivitate solutâ, et Antichristo cum suis penitus destructo.* (Vienne en Dauphiné,
1553.)

1. L'un des Conservateurs de la Bibliothèque impériale.

partie roussies et consumées par le feu. Il ne fut
sauvé du bûcher où l'on brûlait à la fois le livre
et l'auteur que lorsque l'incendie avait déjà
commencé.

Écartons ces souvenirs affreux. Il ne s'agit
ici, grâce à Dieu, que de physiologie.

Je commence par avertir ceux qui, par zèle
pour Harvey, vont jusqu'à supposer que le passage sur la *circulation pulmonaire* pourrait bien
être un passage intercalé, qu'ils se trompent.
Point d'intercalation, point d'interpolation :
nulle tricherie. Le passage est de Servet, complétement de Servet ; et il n'y a qu'à se résigner.
Sur ce grand phénomène de la circulation du
sang, longtemps avant Harvey un homme avait
eu du génie, et cet homme est Servet.

Mais comment Servet a-t-il imaginé d'aller
fourrer la description de la *circulation pulmonaire* dans un livre sur la *restitution du christianisme ?*

Quand on jette un coup d'œil sur les écrits
de Servet, ce qui, je l'avoue, ne m'était pas arrivé jusqu'ici, on s'aperçoit bien vite du parti
qu'il a pris en théologie, de s'attacher unique-

ment et obstinément au sens littéral. Il cherche
partout ce sens littéral ; il accuse tout le monde,
et surtout Calvin, de ne pas l'entendre ; il entasse
les citations pour prouver que lui seul l'entend.

Je n'ai pas besoin de quitter mon sujet pour
en trouver l'exemple. L'Écriture a dit que l'âme
est dans le sang, que l'âme est le sang même :
anima est in sanguine ; anima ipsa est sanguis.

Puisque l'âme est dans le sang, se dit Servet,
pour savoir comment l'âme se forme, il faut
donc voir comment se forme le sang ; pour savoir comment le sang se forme, il faut voir
comment il se meut ; et c'est ainsi qu'à propos
de la *restitution du christianisme* il est conduit
à la formation de l'âme, de la formation de
l'âme à celle du sang, et de la formation du
sang à la *circulation pulmonaire.*

Mais ce n'est pas tout. De ce même sang,
dont se forme l'âme, se forment aussi les *esprits.*
Servet explique successivement la formation du
sang, celle des *esprits,* celle de *l'âme,* et de tout
cela résulte une *philosophie* à moitié théolo-
gique, à moitié physiologique, en somme fort
singulière, et qu'il appelle *divine.*

« Pour que vous ayez, dit-il, cher lecteur,
« une explication complète de l'âme et des es-
« prits, je joindrai ici une divine philosophie,
« que vous entendrez facilement, pour peu que
« vous vous soyez appliqué à l'anatomie [1]. »

Cela dit, il se met à expliquer la formation des
esprits. Nous avons déjà vu, dans Galien [2], toute
la théorie de cette formation. Servet ne cite pas
Galien, mais il le copie. Il cite un certain Aphrodisæus, médecin qui vivait au commencement
du XVIe siècle, et le critique. Aphrodisæus, dit-
il, compte trois esprits : le *naturel*, le *vital* et
l'*animal;* mais il n'y en a point trois, il n'y en
a que deux, le *vital* et l'*animal* [3]. Le *naturel*
est le même que le *vital*. L'esprit vital passe des
artères dans les veines, et là il est appelé *naturel* [4].

1. « Ut verò totam animæ et spiritûs rationem habeas,
lector, divinam hìc philosophiam adjungam, quam facile
intelliges, si in anatome fueris exercitatus. »

2. Voyez, chapitre III, ce que j'ai dit de la théorie de
Galien sur la formation des *esprits*.

3. « Tres spiritus vocat Aphrodisæus, naturalis, vitalis
« et animalis.... Verè non sunt tres, sed duo spiritus dis-
« tincti. »

4. « Vitalis est spiritus qui per anastomoses ab arteriis
« communicatur venis, in quibus dicitur naturalis. »

Il y a donc trois principes : le *sang*, dont le siége est dans le foie et les veines du corps, l'*esprit vital*, dont le siége est dans le cœur et dans les artères ; et l'*esprit animal*, dont le siége est dans le cerveau et dans les nerfs [1].

C'est du sang contenu dans le foie que l'âme tire sa matière première par une élaboration admirable, *per elaborationem mirabilem* [2] ; et c'est pourquoi, l'âme est dite *être dans le sang, être le sang même,* c'est-à-dire l'*esprit du sang* [3].

Mais il faut d'abord entendre comment se forme l'*esprit vital*. Il se forme du mélange de l'air, attiré par l'inspiration, avec le sang que le ventricule droit envoie au ventricule gauche, mélange qui se fait dans le poumon ; car il ne

---

1. « Primus ergò est sanguis, cujus sedes est in hepate
« et corporis venis. Secundus est spiritus vitalis, cujus
« sedes est in corde et corporis arteriis. Tertius est spiri-
« tus animalis, cujus sedes est in cerebro et corporis
« nervis. »

2. « Ex hepatis sanguine est animæ materia per elabora-
« tionem mirabilem. »

3. « Hinc dicitur anima esse in sanguine, et anima ipsa
« esse sanguis, id est spiritus sanguineus..... Non dicitur
« anima principaliter esse in parietibus cordis, aut in corpore
« ipso cerebri, aut hepatis, sed in sanguine, ut docet ipse
« Deus : *Genes.* 9, *Lev.* 17 et *Deut.* 12. »

faut point croire, comme on le dit communément, s'écrie Servet, que le sang passe d'un
ventricule à l'autre par leur cloison moyenne :
il ne passe d'un ventricule à l'autre qu'en tra-
versant le poumon[1] ; et c'est ici que se trouve
le merveilleux passage sur la *circulation pulmonaire.*

J'ai déjà rapporté, j'ai déjà traduit (chap. 1ᵉʳ,
pag. 23 et suiv.) tout cet étonnant passage. Je
me borne donc à le rappeler ici ; et je reviens,
hélas ! au pauvre Servet, au Servet confus,
absurde, et qui n'a plus de génie.

L'*esprit vital,* formé dans le poumon, passe
du poumon dans le ventricule gauche et du ventricule gauche dans les artères, de telle façon,
néanmoins, que les parties les plus ténues ten-
dent toujours vers le haut, et, s'élaborant de

---

1. « Ad quam rem est priùs intelligenda substantialis
« generatio ipsius vitalis spiritûs, qui ex aere inspirato et
« subtilissimo sanguine componitur... Generatur ex factà in
« pulmonibus mixti ne inspirati aeris cum elaborato san-
« guine, quem dexter ventriculus cordis sinistro communi-
« cat.... Fit autem communicatio hæc, non per parietem
« cordis medium, ut vulgò creditur, sed magno artificio à
« dextro cordis ventriculo, longo per pulmones ductu agi-
« tatur sanguis subtilis.... »

plus en plus, arrivent ainsi jusqu'au *plexus rétiforme,* situé sous le cerveau, où, de *vital,* l'*esprit* commence à se faire *animal* [1]. Enfin, par une ultime et définitive élaboration, l'*esprit animal* passe du *plexus rétiforme* dans les petites artères des *plexus choroïdes,* et c'est dans ces petites artères que l'*âme* réside [2].

Je fais grâce, car j'ai hâte d'en finir, d'une foule d'erreurs anatomiques que Servet joint à ses raisonnements confus, et qui ne sont, au reste, que les erreurs anatomiques ou physiologiques du temps où il vivait, comme, par exemple, que le cerveau, organe sans action propre, n'est qu'une sorte d'oreiller ou de coussin pour les vaisseaux de l'*esprit animal* [3], que

1. « Ille itaque spiritus vitalis à sinistro cordis ventriculo « in arterias totius corporis deindè transfunditur, ità ut « qui tenuior est superiora petat, ubi magis adhuc elabora- « tur, præcipuè in plexu retiformi, sub basi cerebri sito, in « quo ex vitali fieri incipit animalis, ad propriam rationalis « animæ sedem accedens. »

2. « Iterum ille (spiritus animalis) fortius mentis igneâ vi « tenuatur, elaboratur, et perficitur, in tenuissimis vasis, « seu capillaribus arteriis, quæ in plexibus choroidibus « sitæ sunt, et ipsissimam mentem continent. »

3. « Ex his satis constat, mollem illam cerebri massam « non propriè esse rationalis animæ sedem, cùm frigida

les nerfs sont la continuation des artères et
constituent un troisième genre de vaisseaux [1],
que les ventricules du cerveau communiquent
avec les fosses nasales par les trous de l'os
ethmoïde, prétendue communication dans laquelle Servet voit un grand avantage : car, d'a-
bord, l'air extérieur pénètre ainsi jusqu'à l'âme
et la rafraîchit [2], et, en second lieu, l'âme se dé-
barrasse aisément par là des mucosités qui l'auraient gênée [3], et aussi un très-grand péril, car
le malin esprit, *spiritus nequam*, dont la nature
tient de celle de l'air, s'introduit quelquefois,

« sit et sensùs expers, sed esse veluti pulvinum dictorum
« vasorum ne rumpantur, et custodem animalis spi-
« ritûs.... »

1. Vasa illa miraculo magno tenuissimè contexta, tametsi
« arteriæ dicantur, sunt tamen fines arteriarum, tendentes
« ad originem nervorum, ministerio meningum. Est novum
« quoddam genus vasorum »

2. .... « Facti sunt ventriculi ut ad spatia eorum inania
« penetrans per ossa ethmoïde inspirati aeris portio,... ani-
« malem intùs contentum spiritum reficiat, et animam ven-
« tilet. »

3. .... « Facti sunt ventriculi illi ad expurgamenta cere-
« bri recipienda, veluti cloacæ, ut probant excrementa ibi
« recepta, et meatus ad palatum et nares.... Et quandò ven-
« triculi oplentur pituità, ut arteriæ ipsæ choroïdis eà im-
« mergantur, tum subitò generatur apoplexia.... »

14.

par cette même communication, par ces mêmes
trous de l'os ethmoïde, jusque dans les ventricules du cerveau, et là combat incessamment
contre l'âme et la tient assiégée jusqu'à ce que
la lumière de Dieu paraisse et le mette en
fuite [1], etc., etc.

Je laisse Servet ; mais je profite de l'occasion
qu'il me donne pour jeter un coup d'œil rapide
sur le long règne des *esprits* en physiologie.

Les *esprits* jouaient, dans la vieille physiologie, le même rôle que jouent aujourd'hui,
dans la nôtre, les *propriétés* ou les *forces*. De là
leur grande importance. Galien expliquait tout
par les *esprits;* et, comme nous l'avons vu, il
en voulait de trois espèces : de *naturels*, de *vitaux* et d'*animaux*.

Voilà pour l'antiquité.

A compter de la renaissance des lettres, les
trois *esprits* de Galien renaissent aussi et subsis-

---

1. « Spiritus nequam, cujus potestas est acris, unà cum
« inspirato à nobis aere lacunas illas liberè ingreditur, ut
« ibi cum spiritu nostro, intrà vasa illa velut in arce, collo-
« cato, jugiter dimicet. Imò eum ità undique obsidet, ut vix
« illi liceat respirare, nisi quum superveniens lux spiritùs
« Dei malum spiritum fugat. »

tent jusqu'à Descartes. Enfin, Descartes vient : il
s'entête des *esprits animaux* et rejette les autres.

J'ai déjà cité cette phrase de Bordeu : « Les
« anciens admettaient des esprits de trois sor-
« tes : il n'est pas aisé de savoir par quelle fa-
« talité les *naturels* et les *vitaux* n'ont pu se
« conserver et ont succombé, tandis que les
« *animaux* ont subsisté [1]. »

Et j'ai déjà répondu [2] que Bordeu n'y fait pas
attention, que rien n'est plus aisé à savoir. Au
temps de Bordeu, les esprits *naturels* et *vitaux*
avaient succombé parce que Descartes les avait
exclus; les esprits *animaux* subsistaient parce
que Descartes les avait adoptés. Et il en est toujours ainsi. C'est toujours l'écrivain qui fait la
fortune des mots.

Descartes, ce puissant rénovateur des idées,
mais qui pourtant prend encore beaucoup aux
anciens, combine la théorie des *esprits*, qu'il
emprunte à Galien, avec la *circulation du sang*,
que vient de découvrir Harvey. Il est le premier

1. *Rech. anat. sur la position des glandes et leur action*,
§ 34.

2. Ci-devant, p. 121.

Français qui ait bien compris et bien décrit ce grand phénomène.

« Tous ceux, dit Descartes, que l'autorité des « anciens n'a pas tout à fait aveuglés, et qui « ont voulu ouvrir les yeux pour examiner l'o- « pinion d'Harvey touchant la circulation du « sang, ne doutent point que toutes les veines « et les artères du corps ne soient comme des « ruisseaux par où le sang coule sans cesse fort « promptement, en prenant son cours de la ca- « vité droite du cœur par la veine artérieuse, « dont les branches sont éparses à tout le pou- « mon et jointes à celles de l'artère veineuse par « laquelle il passe du poumon dans le côté gau- « che du cœur ; puis de là, il va dans la grande « artère dont les branches éparses par tout le « reste du corps sont jointes aux branches de la « veine cave qui portent derechef le même sang « à la même cavité droite du cœur [1]. »

On ne pouvait décrire plus exactement et plus brièvement le phénomène complet de la *circulation du sang* : la *circulation pulmonaire* et la *circulation générale*.

1. *Les Passions de l'âme*, 1re partie, art. 7.

Voici, d'un autre côté, comment Descartes concevait les *esprits animaux*, et l'idée qu'il se faisait de leur jeu dans les organes.

« On sait, dit-il, que tous les mouvements des
« muscles, comme aussi tous les sens, dépen-
« dent des nerfs, qui sont comme de petits filets
« ou comme de petits tuyaux qui viennent tous
« du cerveau, et contiennent, ainsi que lui, un
« certain air ou vent très-subtil qu'on nomme
« les *esprits animaux* [1]... » — « Les parties
« du sang très-subtiles composent les esprits
« animaux; et elles n'ont besoin de recevoir à
« cet effet aucun autre changement dans le cer-
« veau, sinon qu'elles y sont séparées des au-
« tres parties du sang moins subtiles; car ce
« que je nomme ici des esprits ne sont que des
« corps, et ils n'ont point d'autre propriété,
« sinon que ce sont des corps très-petits, et qui
« se meuvent très-vite, ainsi que les parties de
« la flamme qui sort d'un flambeau, en sorte
« qu'ils ne s'arrêtent en aucun lieu, et qu'à
« mesure qu'il en entre quelques-uns dans les

---

1. *Ibid.*

« cavités du cerveau, il en sort aussi quelques
« autres par les pores qui sont en sa substance,
« lesquels pores les conduisent dans les nerfs,
« et de là dans les muscles, au moyen de quoi
« ils meuvent le corps en toutes les diverses fa-
« çons qu'il peut être mû [1]. »

Ce que les *esprits animaux* avaient surtout de
précieux pour Descartes, c'est qu'ils lui per-
mettaient d'expliquer toutes les actions du corps
sans le secours de l'âme : grand et final objet
de sa belle philosophie.

« Tous les mouvements que nous faisons,
« dit-il, sans que notre volonté y contribue,
« comme il arrive souvent que nous marchons,
« que nous mangeons, et enfin que nous fai-
« sons toutes les actions qui nous sont commu-
« nes avec les bêtes, ne dépendent que de la
« conformation de nos membres et du cours
« que les esprits, excités par la chaleur du
« cœur, suivent naturellement dans le cerveau,
« dans les nerfs et dans les muscles, en même
« façon que le mouvement d'une montre est

1. *Les Passions de l'âme,* 1re partie, art. 10

« produit par la seule force de son ressort et la
« figure de ses roues [1]. »

Descartes se rend ainsi raison, par le seul
cours des esprits, de toutes les fonctions qui
appartiennent au corps ; et, cela fait, il arrive
à cette conclusion principale, savoir : « qu'il
« ne reste donc rien en nous que nous devions
« attribuer à notre âme, sinon nos pensées [2]. »

Après le premier Descartes, le philosophe
qui a le plus employé les *esprits* est celui qu'on
pourrait appeler le second Descartes, c'est-à-
dire Malebranche.

Malebranche commence ainsi l'un de ses chapitres : « Tout le monde convient que les es-
« prits animaux ne sont que les parties les plus
« subtiles et les plus agitées du sang, qui se
« subtilise et s'agite principalement par la fer-
« mentation et par le mouvement violent des
« muscles dont le cœur est composé, que ces
« esprits sont conduits avec le reste du sang par
« les artères jusque dans le cerveau [3]...... »

1. *Les Passions de l'âme*, art. 16.
2. *Ibid.*, art. 17.
3. *De la Recherche de la vérité*, 1re partie du liv. II,
chap. ii.

Malebranche conduit intrépidement, comme
on voit, les *esprits animaux* jusqu'au cerveau;
mais, arrivés là, comment sont-ils séparés de
cet organe? — Malebranche avoue, de bonne
grâce, qu'on n'en sait rien. « Ils en sont sépa-
« rés, dit-il, par quelques parties destinées à
« cet usage, desquelles on ne convient pas en-
« core [1]. » Il explique ailleurs la différence qui
lui paraît être entre les *esprits animaux* et le
cerveau : « Il y a, dit-il, cette différence entre
« les esprits animaux et la substance du cer-
« veau, que les esprits animaux sont très-agités
« et très-fluides, et que la substance du cer-
« veau a quelque solidité et quelque consis-
« tance, de sorte que les esprits se divisent en
« petites parties et se dissipent en peu d'heures,
« en transpirant par les pores des vaisseaux qui
« les contiennent, et il en vient souvent d'autres
« en leur place qui ne leur sont point du tout
« semblables [2]. » Et c'est de ce changement des
esprits que nous viennent tous nos changements
d'*humeurs*, selon les *viandes et les breuvages*

1. *Ibid.*
2. *Ibid.*, 1re partie du liv. II, chap. vi.

dont on se sert[1], à ce que nous dit Malebranche.

« Le vin est si spiritueux, dit-il, que ce sont
« des esprits animaux presque tout formés,
« mais des esprits libertins, qui ne se soumettent
« pas volontiers aux ordres de la volonté, à
« cause de leur subtilité et de leur agitation ex-
« cessive. Ainsi, dans les hommes même les
« plus forts et les plus vigoureux, il produit de
« plus grands changements dans l'imagination
« et dans toutes les parties du corps que les
« viandes et les autres breuvages. Il donne du
« *croc en jambe*, pour parler comme Plaute;
« et il produit dans l'esprit bien des effets qui
« ne sont pas si avantageux que ceux qu'Horace
« décrit dans ces vers :

« Quid non ebrietas designat....[2]? »

Le grand Bossuet, dont on n'ose presque dire
qu'il ait pu être l'élève de quelqu'un en quoi
que ce soit, l'a pourtant été de Descartes en
philosophie : « ..... Les esprits, dit-il, coulés

1. Expressions de Malebranche.
2. *De la Recherche de la vérité*, 1re partie du liv. II,
chap. II.

15

« dans les muscles par les nerfs répandus dans
« les membres, font le mouvement progres-
« sif [1]... » — « Les esprits, dit-il encore, sont
« la partie la plus vive et la plus agitée du sang,
« et mettent en action toutes les parties [2]. » —
« Dès que les esprits manquent, les ressorts
« cessent faute de moteur [3]... » — « Les pas-
« sions, dit-il enfin, à les regarder seulement
« dans le corps, semblent n'être autre chose
« qu'une agitation extraordinaire des esprits, à
« l'occasion de certains objets qu'il faut fuir ou
« poursuivre [4], etc., etc. »

Malebranche mourut en 1715; Fontenelle en
1757; et, avec celui-ci, le dernier représentant
supérieur du cartésianisme. Avec le cartésianisme tombèrent les *esprits animaux*.

En 1742, un jeune homme plein d'esprit,
plein de feu, plein de verve, et ayant toute l'au-
dace de la jeunesse, soutint, à l'école de Montpellier, une thèse où il prend les *esprits* à

1. *De la Connaissance de Dieu et de soi-même*, chap. II,
§ 6.
2. *Ibid.*, § 9.
3. *Ibid.*, § 12.
4. *Ibid.*

partie, où il les combat rudement, à outrance,
et, qui pis est, car il faut tout dire, où il s'en
moque.

« Un homme sans préjugé, dit-il, et qui se
« donnerait la peine d'examiner les choses de
« bien près, ne pourrait-il pas prouver que ces
« trois sortes d'esprits, qui furent comme le
« *trépied,* ou si l'on veut le *triumvirat* de l'an-
« cienne physiologie, étaient aussi mal établies
« l'une que l'autre..... Quant à la façon dont les
« modernes soutiennent les esprits, il y a d'a-
« bord lieu d'être frappé du nombre prodigieux
« de formes qu'ils leur donnent : les uns disent
« qu'ils sont de l'*air*; d'autres du *feu,* de *l'eau,*
« de la *lymphe;* on les a faits *acides, sulfureux,*
« *actifs, passifs;* on en a fait de deux ou trois
« espèces qui roulaient dans les mêmes nerfs;
« enfin on leur a donné toutes sortes de configu-
« rations, jusqu'à en faire de petits *tourbillons,*
« ou de *petits ballons à ressort,* selon l'expres-
« sion de M. Lieutaud, qui est aussi persuadé de
« l'existence de ces *ballons* qu'il l'est de la struc-
« ture qu'il suppose au cerveau..... Ajoutons,
« continue-t-il et toujours très-finement et très-

« judicieusement, ajoutons que ceux qui admet-
« tent les esprits sont aussi embarrassés pour
« expliquer les fonctions des nerfs que ceux qui
« ne les admettent pas... En est-on plus avancé
« lorsqu'on a suivi les détails infinis de Boër-
« haave et de ses commentateurs sur cette
« question ? Ne vaut-il pas mieux l'abandonner
« pour une bonne fois, et la mettre au rang de
« ces questions ennuyeuses par lesquelles les
« anciens commençaient leurs physiologies ? Ne
« profiterons-nous jamais des bévues de ceux
« qui nous ont précédés ! »

Voilà comment le jeune Bordeu, à peine âgé
de vingt ans [1], traitait les *esprits*, et tel est le
sort des plus belles fortunes philosophiques. Ces
mêmes *esprits*, si fort révérés de l'antiquité entière, et, dans les temps modernes, de Descartes, de Bossuet, de Malebranche, finissent par

---

1. Il n'avait en effet que vingt ans, étant né en 1722,
quand il présenta, en 1742, sa thèse : *Dissertatio physiologica de sensu genericè considerato* ; mais il en avait trente,
quand il publia, en 1752, ses *Recherches anatomiques sur la
position des glandes et sur leur action* ; ouvrage beaucoup
plus mûri, excellent, où il reproduit sa critique des *esprits*,
et dont j'extrais les passages que je viens de citer.

devenir le sujet commode des plaisanteries fa-
ciles d'un écolier.

Après Bordeu, vint Barthez. La physiologie
prenait une face toute nouvelle. Barthez, mé-
taphysicien d'un ordre supérieur, est le premier
homme qui, en physiologie, se soit fait une idée
philosophique des forces, j'entends des forces
données par les faits, ou, comme il les appelle
très-bien, des *causes expérimentales* [1] : « On
« peut donner, dit-il, à ces causes générales
« (aux causes générales des phénomènes de la
« vie), que j'appelle expérimentales, ou qui ne
« sont connues que par leurs lois que donne
« l'expérience, les noms synonymes et pareille-
« ment indéterminés, de principe, de puissance,
« de force, de faculté, etc. » — « La bonne
« méthode de philosopher dans la science de
« l'homme exige, continue-t-il, qu'on rapporte
« à un seul principe de la vie dans le corps hu-
« main les forces vivantes qui résident dans cha-
« que organe, et qui en produisent les fonc-
« tions, tant générales, de sensibilité, de

1. *Nouv. élém. de la sc. de l'homme*, Paris, 1806, t. 1,
Disc. prélim.

15.

« nutrition, etc., que particulières, de diges-
« tion, de menstruation [1], etc. »

Cependant la véritable idée de *cause expé-
rimentale*, de *principe*, de *force* en physiologie,
n'était pas encore complétement dégagée. Barthez avait raison d'appeler *forces* les causes de
nos fonctions; il avait raison de vouloir ratta-
cher toutes les forces secondaires à une première, qui est la force générale de la vie; mais
il avait tort de faire de cette force générale et
commune de la vie un être individuel, abstrait,
détaché des organes, et plus tort encore de
croire avoir expliqué un phénomène particulier
quelconque, quand, à propos de ce phénomène,
il avait prononcé le mot de *principe vital*, car,
évidemment, étant nécessairement impliqué dans
tous, le principe vital ne peut servir d'explication propre pour aucun.

Le vrai problème est d'arriver à la force particulière de chaque phénomène particulier, à la
propriété, à la *faculté singulière* qui le produit.
Et c'est là ce que tous les physiologistes cher-
chent à faire depuis Haller.

1. *Nouv. élém. de la sc. de l'homme : Disc. prélim.*

Depuis que, par ses belles expériences, Haller
a localisé l'*irritabilité* dans le *muscle* et la *sensibilité* dans le *nerf*, la voie des découvertes fé-
condes et des progrès certains, en physiologie,
a été ouverte; car la physiologie tout entière est
là : je veux dire dans la localisation précise de
chaque force vitale particulière dans chaque élément organique distinct.

Quant au mot *esprits* (car, dès que le véritable
nom des *causes* a été trouvé, ce n'a plus été
qu'un mot), exclu de la science par les railleries
de Bordeu, par la haute métaphysique de Barthez, par les recherches positives d'Haller, il
n'y a plus reparu.

Sur la fin du xviiie siècle, en 1779, je le
trouve encore employé, et c'est la dernière fois
peut-être qu'il l'a été, dans une belle page de
Buffon, mais dans un sens très-général, et qui
déjà ne retient presque plus rien du sens pri-
mitif, technique et d'école. Buffon dit, à propos
de l'infatigable mobilité du plus petit des oi-
seaux : « La nourriture la plus substantielle était
« nécessaire pour suffire à la prodigieuse viva-
« cité de l'oiseau-mouche, comparée avec son

« extrême petitesse : il faut bien des molécules
« organiques pour soutenir tant de forces dans
« de si faibles organes, et fournir à la dépense
« d'*esprits* que fait un mouvement perpétuel et
« rapide [1]. »

1. *Histoire des oiseaux-mouches.*

VI

De Gui-Patin et de la lutte entre l'ancienne et la nouvelle physiologie.

Les *Lettres* de Gui-Patin nous peignent une époque fort curieuse de la Faculté de médecine de Paris et même de la science. Je compte trois grandes époques dans l'histoire de la médecine, à partir de la Renaissance : l'époque arabe, l'époque grecque et latine, et l'époque moderne qui commence avec la découverte de la circulation du sang.

L'époque que Gui-Patin nous retrace est la seconde de ces trois époques, l'époque grecque et latine, l'époque qu'on peut appeler l'*époque érudite* de la médecine française. On a secoué le joug des Arabes; on étudie avec passion Hippocrate, Aristote, Galien, ces maîtres du savoir antique; et l'on repousse tout ce qui est moderne : la circulation du sang, les vaisseaux lymphatiques, la chimie, et le reste.

Gui-Patin est, par excellence, l'homme de cette époque [1] : il combat les Arabes; il combat les modernes; il est fanatique d'Hippocrate et de Galien; il ne veut ni de la circulation du sang ni de la chimie, qui ne sont en effet ni dans Galien ni dans Hippocrate; enfin, à ses préventions médicales il en joint d'autres : il hait l'*antimoine* parce qu'il nous vient des chimistes, et le *quinquina* parce qu'il nous vient des Jésuites.

Le beau côté de l'époque que j'examine, de l'époque de Gui-Patin, de Riolan, de Baillou, de Fernel, a été la simplification de la médecine, et particulièrement de la thérapeutique. La thérapeutique des Arabes était un chaos. Les Grecs avaient connu trop peu de remèdes; les Arabes multiplièrent les drogues. Il y a de tout dans leur thérapeutique : l'alchimie, l'as-

---

1. Quoique venu un peu tard. La découverte de la circulation du sang est de 1619 à 1628, comme nous l'avons vu, p. 84, et les premières *Lettres* de Gui-Patin sont de 1630. Il appartient par son âge à la troisième époque, et par ses doctrines à la seconde.

trologie, les *qualités occultes* y dominent. Il
fallut une certaine force d'esprit pour débar-
rasser la science de ce faux entourage. Fernel,
le premier médecin de son temps, croyait encore
à l'astrologie [1]. Il faut tenir grand compte, dit-
il, de l'observation astrologique : *Astrologica
etiam observatio ut non parum efficax tenenda* [2].
On lit, dans Gui de Chauliac, que l'image du
lion, *imprimée en or*, guérit les douleurs des
reins [3].

Gui-Patin admire Fernel; il l'appelle, et avec
raison, un *grand homme :* « Je l'estime, dit-il,
« le plus savant et le plus poli des modernes [4]; »
mais il le laisse croire tout seul à l'astrologie et
aux *qualités occultes.*

« Je ne crois point, dit-il, aux qualités oc-

1. Il commença du moins par y croire; il regretta plus
tard le temps qu'il y avait mis. Voyez sa vie par Plancy :
Joannis Fernelii, Ambiani, Galliarum archiatri, UNIVERSA
MEDICINA, *etc. Genevæ,* 1680.

2. *Ibid. De venæ sectione,* lib. II, cap. XIV, p. 202.

3. Astruc : *Mémoires pour servir à l'histoire de la Faculté
de médecine de Montpellier,* Paris, 1767, p. 191.

4. *Lettres de Gui-Patin,* nouvelle édition augmentée de
lettres inédites, précédées d'une Notice biographique, accom-
pagnées de remarques scientifiques, historiques et littéraires,
par Reveillé-Parise, Paris, 1846, t. I, p. 10.

« cultes en médecine,...... quoi qu'en aient dit
« Fernel et d'autres, de qui toutes les paroles ne
« sont point mot d'Évangile... En fait de méde-
« cine, je ne crois que ce que je vois... Fernel
« était un grand homme,... mais, comme il n'a
« pas tout dit, aussi n'a-t-il pas toujours dit vrai
« en ce qu'il a écrit; et si le bonhomme, qui est
« mort trop tôt à notre grand détriment, eût vécu
« davantage, il eût bien changé des choses à ses
« œuvres, et principalement en ce point-là [1]. »

Il dit ailleurs, à propos de Jacques Charpen-
tier et de son *Commentaire* sur *Alcinous* : « Il
« y suit particulièrement la piste et les opinions
« de Fernel, qui, en ce cas-là, a été grand pla-
« tonicien, et qui a bien plus fort cru que moi
« en la démonomanie [2] ».

On ne saurait guère, en effet, reprocher à
Gui-Patin d'avoir été trop crédule. Je ne parle
ici, bien entendu, que des choses de médecine,
et je trouve que ce mot de Bayle le peint fort
bien, savoir, que « son symbole n'était pas
chargé de beaucoup d'articles [3]. »

1. *Lettres de Gui-Patin*, t. I, p. 9.
2. T. I, p. 306.
3. *Dictionnaire hist. et critiq.*, art. *Gui-Patin*.

Ce *symbole* était chargé de si peu d'articles,
qu'il n'y en avait que deux : *saigner* et *purger*.
Tout le reste, l'*antimoine*, l'*opium*, le *thé*, le
quinquina, etc., était rejeté : l'*opium* comme
poison [1], le *thé* comme « impertinente nouveauté
du siècle [2], » l'*antimoine* comme proscrit par la
Faculté [3], et le *quinquina*, ce qui est bien pis,
comme *poudre des jésuites* [4].

Entre tous les remèdes nouveaux, Gui-Patin
ne fait grâce qu'au *séné ;* mais, en revanche, il
lui fait une grâce entière. « Le séné fait plus de
« miracles, dit-il, que tout le reste des drogues
« qui nous viennent des Indes [5]. » Il ajoute au
séné, la casse et le sirop de roses pâles ; et
voilà toute sa pharmacie. « Tant que nous au-
« rons du séné, de la casse, du sirop de roses
« pâles, nous pourrons toujours continuer à dé-
« livrer Paris de la tyrannie des apothicaires [6]. »
Cet homme d'un esprit si vif, si pénétrant, si

1. *Lettres*, t. I, p. 424.
2. *Ibid.*, p. 383.
3. *Ibid.*, p. 191.
4. T. II, p. 107.
5. *Ibid.*, p. 358.
6. T. III, p. 203.

prompt, mais en même temps si partial, si arrêté, si entier, s'était imposé la tâche de simplifier la médecine, de la rendre *facile et familière* [1], je me sers de ses expressions. Or, il la voyait partout en proie aux pratiques *superstitieuses* [2] des Arabes, à l'avidité des apothicaires, aux témérités aveugles des médecins-chimistes de son temps; il assistait aux expériences de *Guenaut et de l'antimoine*, expériences qui furent souvent funestes, si l'on en croit Gui-Patin, et même le poëte, c'est-à-dire tout le monde.

Selon Gui-Patin, « l'antimoine seul a tué « plus de gens que n'a fait le roi de Suède en « Allemagne [3]; » et l'on sait ce que dit le poëte :

> *On* compterait plutôt combien dans un printemps
> Guenaut et l'antimoine ont fait mourir de gens[4]...

Faut-il s'étonner, après cela, de la guerre que

1. *Lettres*, t. I, p. 453. « Je rends la pharmacie la plus « populaire qu'il m'est possible. » (T. I, p. 23.)

2. « Ce sont les Arabes qui ont fourré dans la médecine « ces scrupuleuses et superstitieuses observations... » (T. II, p. 68.)

3. T. II, p. 563.

4. Boileau : *Satire* IV.

Gui-Patin fait aux *Arabes*, à l'*antimoine*, aux *apothicaires*, aux *apothicaires* surtout, à qui sa bile ne pardonne rien : ni leur *arabisme*, ni leur *chimie*, ni leurs *drogues*, ni leurs *parties ?*

« Il m'a aussi parlé de M. Moze, l'apothi-
« caire, qui me prise fort, à ce qu'il dit ; sur quoi
« je lui ai répondu que je m'en étonnais, vu que
« je n'avais jamais rien fait pour me faire estimer
« de ces MM. les pharmaciens, que je n'avais
« jamais ordonné de *bézoard*, d'*eaux cordiales*,
« de *thériaque* ni de *mithridate*, de *confection*
« d'*hyacinthe* ni d'*alkermès*, de *poudre de vipère*
« ni de *vin émétique*, de *perles* ni de *pierres pré-*
« *cieuses*, et autres telles bagatelles arabesques ;
« que j'aimais les petits remèdes qui n'étaient ni
« rares ni chers, et que je faisais la médecine le
« plus simplement qu'il m'était possible [1]. »

« Pour mes chers ennemis les apothicaires,
« dit-il encore, ils se sont plaints de ma dernière
« thèse à notre Faculté, laquelle s'est moquée
« d'eux... Je parlai contre leur *bézoard*, leur
« *confection d'alkermès*, leur *thériaque* et leurs

[1]. *Lettres de Gui-Patin*, t. III, p. 559.

« *parties* [1]. » — « Je laisse la pluralité des re-
« mèdes à ceux qui font la médecine pour le faste
« et pour la pompe, et qui s'entendent avec les
« apothicaires [2]. »

Ainsi donc, et jusque dans ses plaisanteries
les plus vives sur *ses chers ennemis les apothicaires*, Gui-Patin n'oublie jamais la vue qui le
guide, la vue philosophique et supérieure de la
simplification de la médecine. « Pour moi, je
« suis de l'avis de MM. les Piètres qui ne
« veulent, *ad benè medendum, quàm pauca,
« sed selecta et probata remedia* [3]. » — « Le
« grand chancelier d'Angleterre, François Bacon
« de Vérulam, a dit fort à propos que *mul-*

1. T. II, p. 503.
2. Tome III, p. 541. « Les apothicaires enragent... contre
« les médecins qui, pour empêcher leur tyrannie, ordonnent
« en français et font faire les remèdes à la maison : la casse,
« le séné, le sirop de fleurs de pêcher, de roses pâles et de
« chicorée, composé avec rhubarbe, suffisent presque à tout.
« Je n'ai jamais vu de maladie guérissable qui ne pût gué-
« rir sans antimoine, quoique je me serve aussi, pour les
« plus sots,.... de nos confections scammonées, comme du
« *diaphénic, diaprun solutif, diacarthame, dipsilium;*...
« mais il faut regarder de près et ne pas prendre martre
« pour renard. » (T. III, p. 601.)
3. T. I, p. 23.

« *titudo remediorum est filia ignorantiæ* [1]. »

Mais, à force de se pénétrer de cette vue ; il l'exagère ; il réduit tout, comme je le disais tout à l'heure, à *saigner et purger ;* et, par une sorte de compensation, il n'exagère pas moins, d'un autre côté, l'emploi des purgations et de la saignée.

Commençons par la saignée. Il fait saigner à tout âge : les enfants, les vieillards [2] ; il fait saigner *trente-deux fois* pour une maladie [3] ; il se fait saigner lui-même jusqu'à *sept fois* pour un rhume [4] ; il fait saigner sa belle-mère, qui a quatre-vingts ans, jusqu'à *quatre fois* [5] ; il fait saigner un enfant de *trois jours* [6] ; il fait saigner sa propre femme huit fois des veines du bras, il la fait saigner ensuite des veines du pied ; elle en réchappe, et il s'écrie : « Vive la

---

1. T. III, p. 189.
2. « Nous guérissons nos malades après quatre-vingts ans « par la saignée, et saignons aussi fort heureusement les « enfants de deux et trois mois... » (T. II, p. 419.)
3. T. I, p. 63.
4. *Ibid.*, p. 375.
5. *Ibid.*, p. 398.
6. T. III, p. 418.

« bonne méthode de Galien et le beau vers de
« Joachim de Bellay :

« O bonne, ô saincte, ô divine saignée[1]. »

Venons aux purgations. C'est, d'abord, « un
malade qui est purgé *trente-deux fois* de deux
jours l'un [2] »; puis, c'en est un autre « qui a
été saigné, en tout, vingt-deux fois, et purgé
quarante [3]; » puis, c'est la doctrine d'Hippocrate et de Galien, « on peut purger tous les
jours, *quotidiè licet purgare* [4], » à condition,
pourtant, qu'on purge avec le séné : le *séné* et
la saignée sont toute la médecine.

« Nous guérissons beaucoup plus de malades,
« dit Gui-Patin, avec une bonne *lancette* et une
« livre de *séné*, que ne pourraient faire les Ara-
« bes avec tous leurs sirops et leurs opiats[5]; »
et ses malades (car, à coup sûr, ils ne guéris-
sent pas tous) meurent comme ceux du médecin de Boileau :

1. *Ibid.*, p. 416.
2. T. I, p. 372.
3. T. III, p. 374.
4. T. II, p. 557.
5. T. I, p. 400.

L'un meurt vide de sang, l'autre plein de séné[1].

Gui-Patin part de l'excellent principe qu'il faut simplifier la médecine, et il finit par la réduire à la *saignée* et au *séné*. Un médecin de nos jours, esprit tout aussi résolu, tout aussi hardi à sa manière que Gui-Patin, l'avait réduite aux *sangsues* et à l'*eau gommée*. En tout genre, il y a quelque chose de pire que le mal même, et c'est l'exagération de la réforme.

Cependant il ne faut pas croire que Gui-Patin soit toujours aussi outré qu'il l'est ici. Personne n'est de meilleur sens, j'entends d'un sens plus éclairé, plus équitable, quand il le veut bien. On n'a jamais porté sur les deux médecines comparées des Arabes et des Grecs un jugement plus sage, plus net, plus complet que celui qui suit.

« Pour les Arabes, je vous en dirai mon sen-
« timent. Pour la doctrine, tout ce qu'ils ont de
« bon, ils l'ont pris des Grecs; pour leurs re-
« mèdes, ils ont vécu en un temps qu'il y en
« avait de meilleurs que du temps d'Hippocrate;

1. *Art poétique*, chant IV.

« mais ils en ont bien abusé, et ont introduit
« cette misérable pharmacie arabesque, et cette
« forfanterie de remèdes chauds, inutiles et su-
« perflus... Le grand abus de la médecine vient
« de la pluralité des remèdes inutiles, et de ce
« que la saignée a été trop négligée. Les Arabes
« sont cause de l'un et de l'autre. Mesuë a trop
« de crédit au monde... Mais nous aurions grand
« tort d'abandonner et de quitter les bons re-
« mèdes qui sont en usage dès le temps des
« Arabes, pour aller recourir à ceux du temps
« d'Hippocrate, qui sont moins bons.... C'est la
« doctrine des indications qui fait paraître un
« médecin vraiment ce qu'il est. Et c'est ce
« dont nous avons l'obligation entière aux
« Grecs[1]... »

Malgré son admiration pour Hippocrate, il
convient qu'il y a tel passage de ce grand homme,
qui, mal entendu, « a coupé la gorge et coûté
la vie à plus de cinquante mille personnes[2]. »
Il dit très-finement ailleurs: « C'est un bel apho-
« risme, mais il n'en faut point abuser; nos ma-

1. T. 1, p. 399.
2. T. III, p. 546.

« lades n'ont que faire de nos disputes scolas-
« tiques[1]. »

Enfin, il n'est pas jusqu'à l'*antimoine* qui
n'obtienne de lui, dans un moment plus calme,
des paroles plus circonspectes.

« Si quelqu'un peut se servir de ce remède,
« qui est de sa nature pernicieux et très-dange-
« reux, ce doit être un bon médecin dogmati-
« que, fort judicieux et expérimenté, et qui ne
« soit ni ignorant ni étourdi; ce n'est pas une
« drogue propre à des coureurs[2]. »

Rien n'est plus sensé. Les remèdes nouveaux,
quand ils sont énergiques, demandent *un médecin judicieux et expérimenté*. Il faut donc les
étudier, les surveiller, les suivre, et non les rejeter, les proscrire, les condamner par *décrets
de la Faculté*[3]. Où en serions-nous, si nos
pères eussent cru Gui-Patin et sa Faculté? Nous
n'aurions ni l'antimoine, ni l'opium, ni le quinquina, etc.; nous n'aurions ni la circulation du

1. T. II, p. 557.
2. T. 1, p. 356.
3. Il y eut deux décrets de la Faculté contre l'antimoine.
Voyez les *Lettres de Gui-Patin*, t. I, p. 190.

sang, ni les vaisseaux lymphatiques, ni le réservoir du chyle, etc.; nous n'aurions ni la chimie,
ni la physiologie, ces deux sciences qui nous
ont donné la médecine moderne. Comment, à
côté d'un Anglais, du grand Harvey, qui découvre la circulation du sang et qui la démontre,
et du plus grand des Français, de Descartes,
qui la proclame[1], le professeur, le doyen de la
Faculté de médecine de Paris, le professeur du
Collège de France, car Gui-Patin était tout cela,
peut-il écrire ces mots!

« Si M. Duryer ne savait que mentir et la cir-
« culation du sang, il ne savait que deux cho-
« ses, dont je hais fort la première, et ne me
« soucie guère de la seconde... S'il revient, je
« le mènerai par d'autres chemins plus impor-
« tants en la bonne médecine que la prétendue
« circulation[2]. »

1. *Discours de la méthode* et les *Passions de l'âme*. Voyez
ci-devant, p. 165 et 166.
2. T. I, p. 513. La *prétendue circulation!* Molière n'eût
pas mieux trouvé. — « Mais sur toute chose, ce qui me
« plaît en lui, et en quoi il suit mon exemple, c'est qu'il
« s'attache aveuglément aux opinions de nos anciens, et que
« jamais il n'a voulu comprendre ni écouter les raisonne-

Pecquet est à Paris, à côté de Gui-Patin; peut-être prescrit-il l'antimoine; mais enfin, il découvre le *réservoir du chyle*, dernier fait qui complète la théorie nouvelle de la circulation du sang, et Gui-Patin se borne à dire: « Tout « le fait de Pecquet est une nouveauté que je « suis tout prêt de croire lorsqu'elle aura été « bien prouvée, et qu'elle apportera de la com- « modité et de l'utilité *in morborum curatione;* « *quo excepto,* je n'en ai que faire[1]. »

J'ai hâte de laisser le Gui-Patin de ce langage puéril et de ces préventions coupables; je reviens à ce qui l'a fait supérieur et illustre. Gui-Patin est essentiellement un esprit savant et lettré; il est plein d'une érudition grecque et latine; il est homme de belles-lettres; il dit lui-même que « l'érudition et le bon sens sont tout[2].»

« Je n'aime, dit-il, que Galien et Hippocrate; «je fais état de Fernel, Duret, Hollier, Heur- « nius; notre bon ami Gaspard Hofmann ne me

« ments et les expériences des *prétendues découvertes* de notre « siècle touchant la circulation du sang, et autres opinions « de même farine. » (Molière, *Le Malade imaginaire*.)

1. *Lettres*, t. II, p. 152.
2. T. II, p. 70.

« déplaît point *propter suam breviloquentiam*
« et pour sa critique; *cœteris lubens abstineo.*
« J'emploie mieux ailleurs ce que j'ai de temps
« de reste; la plupart des autres modernes
« n'ont que des redites[1]. »

Il emploie mieux *ailleurs* le temps qu'il a de
reste; et l'on devine aisément quel est cet *ailleurs.*

« Je ne fais guère de débauche que dans mon
« étude avec mes livres... Feu M. Piètre, qui a
« été un homme incomparable, tant en bonté
« qu'en science, disait qu'il faisait la débauche
« lorsqu'il lisait Cicéron et Sénèque, mais qu'il
« se réduisait aisément à son devoir, avec Galien
« et Fernel[2]. »

Ce trait est charmant.

Il a cette âme élevée où réside si bien la
passion des lettres. Il a quelque envie d'aller
en Allemagne *vers*[3] son ami G. Hofmann: il
passera à Bâle « pour y voir le tombeau du grand

1. T. II, p. 410.
2. T. III, p. 233.
3. Expression de Gui-Patin : « Pour mon voyage vers
« M. Hofmann... » (T. I, p. 381.)

Érasme[1]. » Il visite les tombeaux des rois à
Saint-Denis : « Quelques larmes m'échappèrent
« au monument du grand et bon roi Fran-
« çois Ier, qui a fondé notre Collége des profes-
« seurs du roi. Il faut que je vous avoue ma fai-
« blesse, je le baisai même, et son beau-père
« Louis XII qui a été le père du peuple et le
« meilleur des rois que nous ayons jamais eus
« en France[2]. » Il mène ses deux fils au tombeau de Fernel : « Il y a, ce 16 avril, aujour-
« d'hui, cent et deux ans que J. Fernel mourut,
« belle âme et bien illustre dont la mémoire
« durera autant que le monde, *aut saltem*
« *quamdiù honos habebitur bonis literis;* il est
« enterré dans Saint-Jacques-de-la-Boucherie,
« ici près. J'y mène souvent mes deux fils, les
« exhortant de devenir comme lui[3]. » Il met si
haut Fernel, et l'illustration que donnent les
travaux de l'esprit, qu'il aimerait mieux *être
descendu de Fernel* que d'*être roi*. « Je suis tout
« ravi que vous aimiez tant notre Fernel : cet
« homme est un de mes saints avec Galien et

1. T. I, p. 381.
2. T. III, p. 225.
3. T. III, p. 199.

17

« feu M. Piètre... Je tiendrais à plus grande
« gloire d'être descendu de Fernel que d'être
« roi d'Écosse ou parent de l'empereur de Con-
« stantinople. Fernel a été bon, sage et savant[1].»

Il a le don de conter et d'écrire: « Hier à
« deux heures, dans le bois de Vincennes, qua-
« tre de ses médecins (de Mazarin), savoir:
« Guenaut, Valot, Brayer et Bèda des Fougerais,
« alterquaient ensemble et ne s'accordaient pas
« de l'espèce de la maladie dont le malade mou-
« rait : Brayer dit que la rate est gâtée, Gue-
« naut dit que c'est le foie, Valot dit que c'est
« le poumon et qu'il y a de l'eau dans la poi-
« trine, des Fougerais dit que c'est un abcès du
« mésentère et qu'il a vidé du pus, qu'il en a
« vu dans les selles, et en ce cas-là il a vu ce
« que pas un des autres n'a vu. Ne voilà pas
« d'habiles gens[2] ! »

Molière n'aurait pas dédaigné ce comique[3],

1. T. III, p. 59.
2. T. III, p. 338.
3. « Les médecins ont raisonné là-dessus comme il faut,
« et n'ont pas manqué de dire que cela procédait, qui du
« cerveau, qui des entrailles, qui de la rate, qui du foie... »
(*Le Médecin malgré lui.*)

ni Saint-Simon, l'éloquent Saint-Simon, la belle
page que voici, et plus d'une autre : « Nous
« vivons à Paris comme Junéval a dit de Rome :
« *hic vivimus ambitiosâ pauperpate*, etc. Je ne
« vois plus que de la vanité, de la misère et de
« l'avarice, de l'imposture et de la fourberie.
« Dieu nous a réservés pour un siècle fripon et
« dangereux; il y aura bientôt grande consé-
« quence à être homme de bien, tant est grande
« la corruption de toutes sortes de gens depuis
« bientôt quarante ans, par la guerre, par deux
« cardinaux, qui ont été deux grands tyrans, et
« par le règne des partisans, qui ont tout dé-
« robé, et épuisé la France[1]. »

Son esprit a de grandes analogies avec celui
de Rabelais, de Bayle et de Voltaire; il appelle
Junéval, *son cher ami*[2]; il peint Tacite « ce
maître homme, qui a été un original des bons
esprits[3] » d'une manière bien remarquable :
« Corneille Tacite, qui est un bréviaire d'État
« et le premier ou le grand maître des secrets

1. T. II, p. 486.
2. T. II, p. 536.
3. T. II, p. 84.

« du cabinet, et même que M. de Balzac a quel-
« que part appelé l'*ancien original des finesses*
« *modernes*... Le cardinal de Richelieu lisait et
« pratiquait fort Tacite; aussi était-il un ter-
« rible homme. Machiavel est un autre péda-
« gogue de tels ministres d'État, mais il n'est
« qu'un diminutif de Tacite [1]. »

Enfin, il eut de nobles, de vertueux amis.
Cette *société*, qu'il rêvait pour un autre monde,
il se l'était faite dès celui-ci : « Socrate et un
« autre philosophe dans Élien se consolaient,
« en mourant, qu'ils verraient en l'autre monde
« d'honnêtes gens, des philosophes, des poëtes
« et des médecins. Je suis du même sentiment.
« Si j'y puis rencontrer Cicéron, Virgile, Aris-
« tote, Platon, Junéval, Horace, Galien, Fernel,
« Simon et Nicolas Piètre, MM. R. Moreau et
« Riolan, je ne serai pint en mauvaise compa-
« gnie; il y aura là de quoi me consoler [2]. »

Ses amis étaient le savant Naudé, Gassendi,
Lamoignon, ces hommes, qu'il suffit de nom-
mer, et ce même Riolan, et ce même Piètre

1. T. III, p. 255.
2. *Ibid.*, p. 142.

qu'il espérait retrouver encore. « M. le premier
« président m'envoie quelquefois quérir pour
« aller souper avec lui; il me fait grande chère;
« mais son bon accueil vaut bien mieux que
« tout le reste. Je lui ai promis d'aller souper
« avec lui tous les dimanches de ce carême, et
« après nous prendrons d'autres mesures, selon
« la saison. Il y a du plaisir avec lui, parce
« qu'il est le plus savant de longue robe qui soit
« en France. Il est fort sage et fort civil, et dit
« en souriant qu'il ne faut point dire de mal
« des jésuites et des moines; mais pourtant il
« est ravi quand il m'échappe quelque bon mot
« contre eux[1]. »

Comme tous ces détails sont pleins d'intérêt
et bien écrits! « Je soupai dernièrement chez
« M. le premier président, qui m'envoya invi-
« ter dès le matin... Il se plaignait à moi que je
« ne l'allais point voir, que j'étais obligé de
« l'aller quelquefois entretenir, et que je devais
« avoir pitié de lui pour la peine qu'il avait
« dans l'exercice de sa charge.... Après sou-
« per, nous nous entretînmes auprès du feu.

J. T. III, p. 124.

« Entre autres discours, il me dit que j'étais
« bien heureux, puisque ayant fini la visite de
« mes malades, je n'avais qu'à passer mon
« temps avec mes livres; que, pour lui, sa
« charge le tuait, et qu'il se tenait bien plus
« malheureux que M. Patin. En effet, les grandes
« dignités sont des charges, des menottes et
« des entraves qui nous ôtent notre liberté et
« nous rendent esclaves de tout le monde. Cette
« charge publique l'oblige de donner audience
« à chacun, lui ôte le moyen et le loisir de se
« divertir dans l'étude qu'il aime naturelle-
« ment, et le fait lever, tous les jours de pa-
« lais, à quatre heures du matin; et néanmoins
« après tout et nonobstant toutes ses plaintes,
« c'est une très-belle et très-importante di-
« gnité[1]..... »

Quel style fin, délié, riche, expressif, précis,
et qui marque bien toutes les nuances! Et d'un
autre côté, quel spectacle que celui de ce *premier président,* qui se lève à *quatre heures du
matin,* qui n'a pas le loisir de se *divertir* dans
l'étude, qui *dit qu'il ne faut point dire de mal*

1. T. III, p. 141.

des jésuites, et qui est *ravi* qu'on en dise! Cela est peint.

Je n'ai rien dit encore du caractère de Gui-Patin, et peut-être n'ai-je plus besoin d'en rien dire. L'amitié d'un grand magistrat, et tel que Lamoignon, répond de ce caractère. On a vu, d'ailleurs, le style de Gui-Patin. Une des qualités les plus fortement marquées de ce style est qu'il sent l'honnête homme.

Je viens de jeter un coup d'œil rapide sur Gui-Patin et sur son époque : cette époque et ce personnage demandent un examen plus approfondi. Cet examen sera l'objet d'un autre chapitre.

VII

De Gui-Patin et de la Faculté de Paris.

Nous n'avons eu, jusqu'ici, que l'histoire *extérieure* de la Faculté de médecine de Paris. Gui-Patin nous en donne l'histoire intime. Il nous découvre les ressorts cachés qui mouvaient ce grand corps. Il en a tous les secrets, et n'en tait aucun. Il nous dit tout, parce qu'il ne sait pas qu'il nous parle; et son histoire est d'autant plus vraie qu'il songe moins à écrire une histoire.

Personne, d'abord, ne nous fait mieux connaître les usages, ou, pour parler comme lui, les *cérémonies* [1] de la Faculté. Commençons par ce qui regarde l'acte le plus important de la Faculté : l'élection du doyen. Gui-Patin fut doyen une fois, et trois fois son nom *resta dans le chapeau*. Voici comment se passaient les choses :

1. Toutes ces cérémonies sont fort anciennes et sont reli- « gieusement observées par respect pour l'antiquité. » (T. II. p. 566.)

« Toute la Faculté assemblée, dit Gui-Patin,
« le doyen qui est près de sortir de charge, re-
« mercie la compagnie de l'honneur qu'il a eu
« d'être doyen, et la prie qu'on en élise un autre
« à sa place; les noms de tous les docteurs pré-
« sents, car on ne peut élire aucun absent, en
« autant de billets, sont sur la table; on met dans
« un chapeau la moitié d'en haut, et c'est ce
« qu'on appelle le grand banc [1]. Nous sommes
« aujourd'hui cent douze vivants, c'est donc à
« dire les cinquante-six premiers. Quand ces
« billets ont été bien ballottés et remués dans un
« chapeau par l'ancien de la compagnie [2], qui
« est aujourd'hui M. Riolan, le doyen qui va
« sortir de charge en tire trois l'un après l'autre;
« on en fait de même tout de suite du petit
« banc [3]; on n'en tire que deux afin que le
« nombre soit impair. Voilà cinq docteurs qui
« ne peuvent, ce jour-là, être faits doyens; mais

---

1. Le banc des anciens.

2. *L'ancien de la compagnie* ou *l'ancien maître.* « Le plus
« vieux docteur de la compagnie s'appelle le maître et ne
« peut s'appeler le doyen; cela lui est défendu par un arrêt
« de la Cour. » (T. II, p. 566.)

3. Le banc des jeunes.

« ils sont les électeurs, lesquels, après avoir
« publiquement prêté serment de fidélité, sont
« enfermés dans la chapelle, où ils choisissent,
« de tous les présents, trois hommes qu'ils ju-
« gent dignes de cette charge, deux du grand
« banc et un du petit banc ; ces billets sont mis
« dans le chapeau par l'ancien, et le doyen, y
« fourrant sa main bien étendue, en tire un :
« celui qui vient est le doyen [1]. »

Après le doyen, venaient les docteurs-régents.
On les élisait de même. Après les docteurs-régents venaient les docteurs ; et ici les épreuves
étaient fort nombreuses. Il y avait des examens
pour le baccalauréat, pour la licence, pour le
doctorat. Il y avait des thèses de toute espèce :
les *quodlibétaires*, la *cardinale*, etc. On savait
être sévère, du moins au temps dont je parle.

« Samedi, 20 de mars, nous avons reçu, dit
« Gui-Patin, dix bacheliers qui vont commencer
« leur cours de deux ans ; on en a renvoyé deux
« afin qu'ils s'amendent et étudient mieux à l'a-
« venir.....; un exercice de disputes perpétuelles
« deux ans durant les rendra indubitablement

1. T. II, p. 565.

« meilleurs,.... outre que si, dans cet espace de
« temps, ils manquaient à leur devoir, on les
« chasserait de nos écoles comme inhabiles et
« indignes de nos priviléges [1]. »

Je remarque les deux ans de *disputes perpétuelles* : nos deux années de clinique sont, assurément, beaucoup mieux entendues; et pourtant
il ne faut rien outrer ; ces *perpétuels disputeurs*
devenaient souvent des hommes d'une science
admirable. « Lorsque, dit Riolan, le roi Henri le
« Grand voulut faire vérifier les faussetés qui
« étaient dans les livres du sieur du Plessis-Mor-
« nay, sur le fait de la religion, que l'évêque
« d'Évreux, depuis cardinal du Perron, promet-
« tait de montrer et vérifier, comme il fit, de
« notre école fut choisi un savant médecin,
« nommé Martin, pour l'opposer à Casaubon,
« qu'on tenait le plus savant homme du siècle,
« après Joseph Scaliger qui vivait en Hollande.[2] »
C'est par leur science, c'est par l'érudition, par
les lettres, que les Fernel, les Hollier, les Duret,

1. T. III, p. 182.
2. *Curieuses recherches sur les écoles en médecine de Paris
et de Montpellier*, etc ; Paris, 1651, p. 34.

les deux Riolan, père et fils, etc., ont élevé, ennobli, *émancipé*, si je puis ainsi dire, la médecine. Ce fut leur gloire, qui sera éternelle. La médecine n'oubliera jamais qu'elle leur doit son lustre.

Je reviens à la Faculté. On voit assez quelle était sa constitution intime. Ce corps se gouvernait, se recrutait lui-même : il s'était fait lui-même. « Notre école, dit Riolan, n'a eu pour « fondateurs ni les rois de France, ni la ville de « Paris, desquels elle n'a jamais reçu aucune « gratification en argent.... Elle a été fondée « et entretenue aux dépens des médecins par- « ticuliers qui ont contribué pour la bâtir, la « doter[1], » etc.

Le Corps médical de Paris, pris en soi, était une petite république, une vraie république, qui avait pour citoyens les docteurs, pour sénat la Faculté, pour chef le doyen. Ce chef n'était élu que pour deux ans ; mais durant ces deux ans, il avait une autorité très-réelle. « Il est, dit Gui- « Patin, le maître des bacheliers qui sont sur « les bancs ; il fait aller la discipline de l'école ;

1. *Curieuses recherches*, etc., p. 29.

« il garde nos registres, qui sont de plus de
« cinq cents ans; il a les deux sceaux de la Fa-
« culté; il reçoit notre revenu, et nous en rend
« compte; il signe et approuve toutes les thèses;
« il fait présider les docteurs à leur rang; il fait
« assembler la Faculté quand il veut; et, sans
« son consentement, elle ne peut s'assembler
« que par un arrêt de la Cour qu'il faudrait ob-
« tenir; il examine avec les quatre examina-
« teurs à l'examen rigoureux qui dure une se-
« maine; il est un des trois doyens qui gouver-
« nent l'Université avec M. le recteur, et est
« un de ceux qui l'élisent; il a double revenu
« de tout, et cela va quelquefois bien loin; il a
« une grande charge, beaucoup d'honneur, et
« un grand tracas d'affaires; il sollicite les
« procès de la Faculté, et parle même dans la
« grand'chambre devant l'avocat général [1].... »

Notre petite république avait tout le bon et
tout le mauvais des grandes. On y était passionné pour la gloire du Corps, et c'était le
bon; mais il s'y formait, à tout moment, des
partis, des divisions, des brigues, et c'était le

1. T. II, p. 565.

18

mauvais. Souvent un parti condamnait l'autre;
au besoin même il l'aurait *chassé*. En 1651,
Guenault, Beda, Cornuti, qui *se laissaient em-*
porter à l'antimoine[1], furent condamnés par la
Faculté : « cela les a fait rentrer dans leur de-
« voir, dit Gui-Patin, et si par ci-après ils man-
« quent, nous ne leur manquerons point; on
« leur appliquera la loi et l'efficace du décret
« si vivement, qu'ils en demeureront chassés[2].»
Souvent un parti défaisait ce qu'avait fait l'autre. En 1566, un parti condamna l'antimoine
par un décret[3]; et en 1666, justement un
siècle plus tard, un autre parti réhabilita l'antimoine par un décret inverse.

Quand on voit la Faculté se fonder elle-
même, s'entretenir, se doter, devoir tout à ses
membres et rien à l'État, on comprend bien
cette *indépendance*, qui lui fut propre, dont
elle fut si jalouse, et que l'État respecta toujours. Nos rois traitaient avec la Faculté.
Louis XI veut faire copier un manuscrit de

1. Expressions de Gui-Patin, t. II, p. 587.
2. T. II, p. 587.
3. Il y eut un autre décret contre l'antimoine, en 1615.

Rhasis, que possède la Faculté ; la Faculté ne
prête le manuscrit au roi, que quand le roi a
fourni caution[1]. Richelieu veut faire recevoir
docteur les fils du *gazetier* Renaudot, l'homme
que la Faculté a le plus haï ; il le veut, la
Faculté résiste, et Richelieu cède. « Tous
« les hommes particuliers meurent, dit fièrement
« Gui-Patin, mais les compagnies ne meurent
« point. Le plus puissant homme qui ait été
« depuis cent ans en Europe, sans avoir la tête
« couronnée, a été le cardinal de Richelieu.
« Il a fait trembler toute la terre ; il a fait peur
« à Rome ; il a rudement traité et secoué le roi
« d'Espagne, et néanmoins il n'a pu faire rece-
« voir dans notre compagnie les deux fils du
« gazetier qui étaient licenciés, et qui ne seront
« de longtemps docteurs[2]. »

Enfin, la Faculté périt comme périssent tous
les corps et toutes les républiques, par l'exagération même de son principe. Le grand but de
la Faculté avait été de nous restituer la médecine *grecque* et *latine*. Ce but atteint, elle s'y

1. T. I, p. 37. Note de M. Reveillé-Parise.
2. T. I, p. 347.

arrêta obstinément et fatalement. Elle ne marcha plus; mais tout marcha autour d'elle. On
découvrit la chimie, l'anatomie, la physiologie
modernes. La Faculté proscrivit ces sciences.

Quand le gouvernement voulut sérieusement
les faire enseigner, il fut contraint de les faire
enseigner ailleurs. On créa ou l'on restaura le
Jardin du roi. La Faculté proscrivait la chimie,
et, *ce*, disait-elle, *pour bonnes causes et considérations*[1]; le Jardin la fit enseigner dans une
chaire expresse. Riolan[2], le premier anatomiste

1. Expressions de la Faculté dans ses *Remontrances* sur
la création du Jardin du roi. (Voyez les *Notices historiques
sur le Muséum d'histoire naturelle* par Laurent de Jussieu :
Annales du Muséum d'hist. nat., t. I, p. 12.)

2. Chose curieuse, ce même Riolan, qui repoussait de la
Faculté l'anatomie nouvelle, et qui l'aurait repoussée du
Jardin, avait été un des premiers à sentir le besoin de ce
Jardin. C'est un honneur qu'il ne faut pas oublier de rapporter à cet homme, si recommandable d'ailleurs à tant de
titres. « Vous pouvez pareillement avertir le roi, » dit-il dans
l'épître dédicatoire de sa *Gigantologie*, adressée au duc
de Luynes, « vous pouvez avertir le roi, qui ne désire que la
« santé et conservation de ses sujets, de la nécessité d'un
« Jardin royal en l'Université de Paris, à l'exemple de celui
« que Henri le Grand a fait dresser à Montpellier, lequel si
« nous obtenons du roi par votre faveur, vous obligerez
« toute la France qui se ressentira d'un si grand bien que

de la Faculté, repoussait la circulation du sang,
les vaisseaux lymphatiques, le réservoir du
chyle, etc. ; le Jardin les fit enseigner par Dionis. Dionis nous l'apprend lui-même. « C'est là,
« dit-il, dans son *Épître au roi* (Louis XIV),
« que la circulation du sang et les nouvelles
« découvertes nous ont heureusement désabu-
« sés de ces erreurs, dont nous n'osions pres-
« que sortir, et où l'autorité des anciens nous
« avait si longtemps retenus[1]. »

Dionis nous apprend ensuite que « cet éta-
« blissement, quoique des plus utiles pour le
« public, ne laissa pas de trouver des opposi-
« tions qui furent formées de la part de ceux
« qui prétendaient qu'il n'appartenait qu'à eux
« d'enseigner et de démontrer l'anatomie[2]. »

« vous aurez procuré pour tous ceux qui pratiquent la mé-
« decine... » (P. 8.)

1. *L'anatomie de l'homme suivant la circulation du sang
et les nouvelles découvertes, démontrée au Jardin du roi,
Paris*, 1716 : *Épître au roi*, p. 2. — Voyez, ci-devant, p. 52,
ce que j'ai déjà dit de Dionis et de son *enseignement* (création de Louis XIV) au jardin des Plantes.

2. *Ibid.*, Préface, p. 6. L'anatomie nouvelle passa enfin
du Jardin du roi à la Faculté ; souvent même ce fut le même
professeur qui l'enseigna dans les deux lieux : témoin Wins-
low et d'autres.

18.

On se doute bien quels étaient ceux *qui for-maient des oppositions*, et qui *prétendaient qu'il n'appartenait qu'à eux d'enseigner et de démontrer l'anatomie*. C'étaient *ceux-là* même qui poursuivaient les apothicaires et les chirur-giens, d'une guerre impitoyable, incessante. A la vérité, la Faculté ne *prétendait* pas exclure la chirurgie comme elle avait exclu les sciences nouvelles, mais elle excluait les chirurgiens. Gui-Patin parle des chirurgiens en termes dont on rougit pour lui. Le gouvernement fut obligé de faire pour les chirurgiens ce qu'il avait fait pour les sciences nouvelles. La Faculté leur fer-mait ses portes, il leur en ouvrit d'autres. On créa le Collége royal de chirurgie. « Ce dernier « titre (le titre de membre de la Faculté), disait « Lamartinière au roi Louis XV, a fait l'objet de « notre ambition, mais, dès que votre volonté « suprême daigne nous accorder le titre de *Col-* « *lége royal*, l'honneur de dépendre immédia-« tement de Votre Majesté suffit pour nous « consoler de toute autre distinction[1]. » L'Aca-

1. *Mémoire présenté au roi par son premier chirurgien Lamartinière*, etc.

démie de chirurgie parut, et parut avec un éclat qui frappa l'Europe. Le premier volume des *Mémoires* de cette Académie est le plus beau monument de la chirurgie française. La Société royale de médecine vint à son tour, et là fut le terme de cette ancienne Faculté qui avait duré huit siècles[1]. Après la révolution de 1789, quand on refit l'enseignement public, les membres encore subsistants de la Société royale de médecine furent le noyau de la Faculté nouvelle.

Gui-Patin nous dit tout sur sa Faculté, et ce qui est sérieux, et ce qui ne l'est pas. Je parlais tout à l'heure des actes et des cérémonies de la Faculté. Chacun de ces événements était suivi d'un *festin* : « Samedi 20 de mars, nous avons « reçu six bacheliers... Le même jour on a fait « un festin aux écoles.... » Et voilà Gui-Patin qui nous énumère tous les invités, marquant bien le rang de chacun : « les doyen et cen- « seurs, les anciens doyens, les quatre exami-

---

1. « Par la lecture des anciens livres..., dit Riolan, nous « pouvons donner des marques de plus de six cents ans. » (*Curieuses recherches*, etc., p. 28.) Riolan écrivait cela en 1651.

« nateurs, les cinq électeurs, les quatre anciens
« des écoles, les professeurs ordinaires, quel-
« ques amis du doyen, qui sont des forts de
« l'école et les plus considérables de la Faculté...
« Je n'ai jamais vu telle réjouissance de part et
« d'autre; on n'y a parlé que de rire et de bonne
« chère¹..... »

Il est élu doyen le 4 novembre 1650, et le
1ᵉʳ décembre il *fait son festin.* « Étant revenu
« au logis ce matin, j'y ai trouvé votre lettre,
« laquelle m'a accru la joie que j'avais eue hier
« que je fis mon festin, à cause de mon décanat.
« Trente-six de mes collègues firent grande
« chère; je ne vis jamais tant rire et tant boire
« pour des gens sérieux, et même de nos an-
« ciens : c'était du meilleur vin vieux de Bour-
« gogne que j'avais destiné pour ce festin. Je les
« traitai dans ma chambre, où, par-dessus la
« tapisserie, se voyaient curieusement les ta-
« bleaux d'Erasme, des deux Scaliger, père et
« fils, Casaubon, Muret, Montaigne, Charron,
« Grotius, Heinsius, Saumaise, Fernel, de Thou,
« et notre bon ami Gabriel Naudé, bibliothé-

1. T. III, p. 182.

« caire du Mazarin, qui n'est que sa qualité
« externe, car, pour les internes, il les a au-
« tant qu'on peut les avoir : il est très-savant,
« bon, sage, déniaisé et guéri de la sottise du
« siècle, fidèle et constant ami depuis trente-
« trois ans. Il y avait encore trois autres por-
« traits d'excellents hommes, de feu M. de
« Sales, évêque de Genève, de Justus Lipsius,
« et enfin de François Rabelais... Que dites-
« vous de cet assemblage? Mes invités n'étaient-
« ils pas en bonne compagnie[1]?.... »

Tout est à noter dans ce récit : la *joie* de Gui-
Patin, le *vin vieux*, les *anciens* qui *rient* et qui
boivent; et, par-dessus leur tête, Erasme, Casaubon, Montaigne, Rabelais, Fernel, etc., et
l'ami Naudé, bibliothécaire du Mazarin, *qui
n'est que sa qualité externe*. Et comme c'est
bien là Gui-Patin tout entier! l'ami, l'érudit,
le critique et l'enthousiaste, le malicieux et le
bonhomme, enfin le spirituel, le hardi, le *déniaisé* Gui-Patin.

Gui-Patin est inépuisable quand il parle des
choses de la Faculté; il l'est bien plus encore

1. T. II, p. 570.

quand il parle des hommes. C'est d'abord
Riolan [1], son maître, son ami, celui qui prit
Gui-Patin pour son suppléant [2], celui qui le dé-
signa pour son successeur au Collége royal de
France, celui que Gui-Patin appelle *notre maître
à tous* [3] : « Un des hommes du monde qui savait
« le plus de particularités et de curiosités, non
« pas seulement dans la médecine, mais aussi

1. Je n'ai presque pas besoin d'avertir que le *Riolan* dont
je parle dans ce chapitre est Riolan le fils, né en 1580
et mort en 1657. Celui-là seul fut le contemporain de
Gui-Patin. Riolan le père était né en 1539 et mourut
en 1605.

2. Voici un détail curieux sur le Collége de France.
« M. Moreau ne cédera sa place de professeur du Roi à son
« fils qu'en mourant, vu qu'étant, comme il est, un des an-
« ciens de ce Collége, il a de bien plus grands gages, à cause
« de l'augmentation des plus vieux reçus, que n'aurait son
« fils, qui, étant le plus jeune, n'aura que 600 livres, au lieu
« que le père passe 1,000 livres et a près de 1,100 livres.
« Morin, le mathématicien, qui est immédiatement devant
« lui, a la somme entière, savoir 400 écus, qui est la même
« somme qu'a le doyen, qui est M. Riolan, lequel venant à
« mourir je prendrai sa place, n'ayant que la survivance
« comme a le jeune Moreau, et alors j'entrerai en jouissance
« des 600 livres;.... et puis après je succéderai et me haus-
« serai, à mesure que d'autres mourront qui auront été reçus
« devant moi... » (T. II, p. 162.)

3. T. II, p. 588.

« dans l'histoire[1]... un fort bon gros homme[2]...
« fort mordant naturellement[3],.... qui aurait
« voulu que tout le monde écrivît contre lui[4],...
« se tenant clos et couvert dans son étude, avec
« un poêle qui le réchauffait à la mode d'Alle-
« magne, et y travaillant contre l'antimoine[5],...
« buvant tous les jours du vin pur, ou n'y met-
« tant guère d'eau, et disant, pour excuse, que
« c'était du vin vieux de Bourgogne[6].... »

C'est ensuite la famille des Piètre, tous *in-*
comparables, le premier surtout, car il présidait
comme doyen quand on proscrivit l'antimoine :
in cujus decanatu latum est decretum adversùs
stibium, dit Gui-Patin[7].

Avec Gui-Patin, il n'y a point de milieu : on
est *incomparable* ou *abominable*, selon qu'on
prescrit ou non l'antimoine. Par exemple, Guenaut, « méchant, charlatan, déterminé à

1. T. II, p. 517.
2. T. II, p. 537.
3. T. II, p. 528.
4. T. II, p. 537.
5. T. III, p. 23.
6. T. II, p. 315.
7. T. I, p. 265.

« tout[1]..... faisant le tyran dans nos écoles,
« abusant aux dépens du public de l'iniquité
« et de l'impunité du siècle auquel Dieu l'a ré-
« servé [2].... effronté donneur d'antimoine[3],
« *peste antimoniale*[4], » etc., etc., Guenaut
n'était probablement pas tout cela, quoiqu'il
dût être fort vif, fort actif, fort occupé, fort
occupant, car Boileau le compte parmi les
embarras de Paris :

Guenault sur son cheval en passant m'éclabousse [5].

Vautier est « méchant, fort glorieux et fort
« ignorant[6]..., premier médecin du roi, et le
« dernier du royaume en capacité[7]; » et vous
devinez bien pourquoi : il *donne de l'antimoine;*
et ce n'est pas tout, il *médit du séné et de la
saignée.* « M. Vautier médit de notre Faculté
« assez souvent et nous le savons bien; il dit que

1. T. II, p. 312.
2. T. II, p. 348.
3. T. II, p. 600.
4. T. III, p. 65.
5. *Satire* VI.
6. T. III, p. 429.
7. T. III, p. 6.

« nous n'avons que le séné et la saignée; il a
« donné fort hardiment de l'antimoine[1]..... »

Le sieur Morisset, au contraire, ne donne
pas de l'antimoine: aussi quel autre langage!
« Le sieur Morisset est âgé de soixante-sept
« ans....; il a pourtant bon air...; il paraît glo-
« rieux, mais il ne l'est point; il a pourtant de
« quoi l'être plus que d'autres, car il est fort
« savant et habile homme. Il parle bien, il ha-
« rangue éloquemment, il consulte de bon
« sens, il parle bon latin, il sait le grec, et n'a
« jamais voulu signer l'antimoine,... bien qu'il
« en ait été bien prié, et principalement par
« Guenaut[2]. »

Gui-Patin est passionné en tout: en politique
comme en médecine. En médecine, ce qu'il
déteste le plus, c'est *l'antimoine* et *Guenaut;*
en politique, ce sont les *jésuites* et *Mazarin*. Il
n'aimait pas non plus Richelieu. « Le cardinal
« Richelieu, dit-il, ressemblait à Tibère,... c'est
« un atrabilaire qui voulait régner... Le Maza-
« rin n'aimait pas tant la vengeance ni le sang,

1. T. I, p. 346.
2. T. III, p. 412.

« mais il était grand coupeur de bourses[1]... »

Il lui arrive souvent de traiter les jésuites, les
moines, et le Pape lui-même, comme s'ils eussent *donné de l'antimoine;* au contraire, il avait
un penchant marqué pour le Parlement, pour
la liberté, pour l'indépendance, pour toute espèce
d'indépendance, politique, civile, religieuse,
pour la *Fronde,* pour le cardinal de Retz : « On
« parle aussi de la diète de Ratisbonne, et que
« le roi veut y envoyer M. le cardinal de Retz :
« plût à Dieu qu'il rentrât en grâce! il est
« homme d'esprit, qui aime la belle gloire et
« le public, auquel infailliblement il ferait du
« bien[2]. » Et pourtant dès qu'il voit Louis XIV,
encore bien jeune, il devine, dans le jeune
prince, le grand roi : « Le roi, dit-il, est un
« prince bien fait, grand et fort, qui n'a pas
« encore vingt ans... » — « C'est, continue-t-il,
« un prince digne d'être aimé de ceux même à
« qui il n'a jamais fait de bien, qui a de grandes
« pensées, et sur les inclinations duquel la
« France peut fonder un repos que les deux car-

1. T. III, p. 357.
2. T. III, p. 406.

« dinaux de Richelieu et Mazarin lui ont ôté. Je
« me sens pour lui une inclination violente [1]... »

Je finis à regret ; car il est difficile de quitter
Gui-Patin, cet homme unique en son genre :
écrivain, médecin, érudit, passionné pour les
anciens, passionné contre les modernes, *esprit
tout de feu,* comme il parle lui-même[2], et joi-
gnant à cela des mœurs sévères, une amitié
sûre, et la tendresse la plus vive pour ses enfants : « J'aime bien les enfants, dit-il, j'en ai six,
« et il me semble que je n'en ai point encore
« assez ; je suis bien aise qu'ayez une petite
« fille ; nous n'en avons qu'une, laquelle est si
« gentille et si agréable, que nous l'aimons
« presque autant que nos cinq garçons [3]... »

On sait qu'il ne fut point heureux père. De
ses six enfants quatre périrent en bas âge, perte
qui amène sous sa plume ce mot touchant d'un
ancien : *quodam modo moritur ille qui amittit
suos* [4]. Son fils aîné Robert, pour lequel il avait
obtenu la survivance de sa chaire au Collége de

1. T. III, p. 86.
2. T. I, p. 499.
3. T. I, p. 387.
4. T. II, p. 365.

France, mourut jeune; et son fils bien-aimé,
son cher *Carolus*[1], ce fils illustre qui avait hé-
rité de son génie pour l'érudition, fut exilé.

Pour lui[2], il était né le 31 août 1601, et
mourut le 30 août 1672. Ses *Lettres* commen-
cent en 1630, et finissent en 1672. Elles sont,
tour à tour, adressées à deux médecins de
Troyes, les deux Belin, père et fils, et à deux
médecins de Lyon, Charles Spon et André
Falconet.

M. Reveillé-Parise cite quelques opuscules
de Gui-Patin[3] : ces opuscules sont fort insigni-
fiants. Gui-Patin n'a réellement écrit que ses
Lettres; et ces *Lettres*, malgré une hardiesse
de pensée souvent *excessive*[4], malgré un langage

---

1. Expression habituelle de Gui-Patin quand il parle de son
fils Charles.

2. A La Place, petit hameau de la commune de Hodenc-
en-Bray (non loin de Beauvais), ancienne province de Pi-
cardie.

3. Dans la *Notice biographique*, mise en tête de son édition des *Lettres de Gui-Patin*, p. xxxii.

4. « Il écrivait à un de ses amis avec une liberté non-seu-
« lement entière, mais quelquefois excessive; les éloges ne
« sont pas fort communs dans ses *Lettres*, et ce qui y domine,
« c'est une bile de philosophe très-indépendant. » (Fontenelle : *Éloge de Dodart*.)

souvent trop bas, malgré tant d'erreurs sur les choses, malgré tant de préventions sur les hommes, ces *Lettres*, expression brillante d'un esprit supérieur et d'une âme fière, le feront vivre ; car il y a mis ce qui ne meurt point : le style.

Gui-Patin est le médecin le plus spirituel qui ait jamais écrit, à moins que l'on ne compte Rabelais, en qui pourtant la médecine n'était guère que la *qualité externe* [1].

1. Expressions de Gui-Patin (voyez, ci-devant, p. 213).

ADDITIONS

1

D'EUSTACHIO RUDIO

OU EXAMEN

D'UN ÉCRIT DE M. ZECCHINELLI

intitulé :

Des doctrines sur la structure et sur les fonctions du cœur et des artères,
que Guillaume Harvey apprit pour la première fois, à Padoue, d'Eustachio Rudio. et qui l'amenèrent directement à étudier, connaître et
démontrer la circulation du sang [1].

Je n'ai connu qu'assez tard la *Dissertation*
de M. Zecchinelli. Ce petit livre est plein d'intérêt.

Indépendamment d'une érudition générale,
très-étendue et très-sûre, il s'y trouve des traits
d'une érudition toute particulière, et, si je puis

---

1. *Delle dottrine sulla struttura e sulle funzioni del cuore
e delle arterie, che imparò per la prima volta in Padova
Guglielmo Harvey da Eustachio Rudio, e come esse lo gui-
darono direttamente a studiare, conoscere e dimostrare la
circolazione del sangue*, **Disquizione**. — *Padova*, 1838.

ainsi dire, toute locale, de ces choses qu'on ne sait qu'aux lieux où elles se sont passées, de ces choses, touchant la *découverte de la circulation du sang*, qu'on ne sait qu'à Padoue.

Harvey avait tout juste vingt ans (étant né en 1578), lorsqu'il arriva, en 1598, à Padoue. Il y passa quatre années de suite, de 1598 à 1602. Il y reçut, le jeudi 25 avril 1602, le titre et le diplôme de docteur en médecine[1].

Le XVIᵉ siècle a été l'époque brillante de l'Italie dans toutes les branches du savoir humain; et, pour l'anatomie, l'époque brillante de Padoue. A Padoue avaient enseigné successivement le grand et malheureux Vésale, l'ambitieux, et par suite un peu ingrat envers son maître[2], mais très-habile Colombo, et les non moins grands Fallope et Fabrice d'Acquapendente[3].

1. Nell'edizione delle Opere dell'Harvey, fatta in Londra nel 1766, alla pag. 639, è stampato il diploma di laurea in medicina a lui dato in Padova, ed ha la data giovedi 25 aprile 1602 (M. Zecchinelli, p. 81).

2. Envers son maître Vésale, qu'il critique le plus souvent qu'il peut.

3. « In Padova avevano successivamente insegnato anato-

Au moment où vint étudier Harvey, Fabrice enseignait encore. Il montra lui-même au jeune Harvey les *valvules des veines;* il l'initia à ses recherches, d'une espèce alors si nouvelle, sur le *développement de l'œuf*[1] et la *formation du fœtus*[2]. Nous devons plus à nos maîtres que nous ne pensons. Par ses deux ouvrages sur la *circulation du sang* et sur la *génération,* Harvey a pris la première place parmi les anatomistes et les physiologistes; mais les germes de toute cette grandeur, il les dut à Fabrice.

Or, tandis que Fabrice lui faisait connaître les *valvules des veines,* un autre de ses maîtres, à ce que nous apprend M. Zecchinelli, un autre de ses maîtres, Eustachio Rudio, lui faisait connaître la *petite circulation*[3], et l'usage des *valvules du cœur.*

« mia il grande e sventurato Vesalio, l'ambizioso e un po'
« ingrato verso il maestro, ma valente Colombo, ed i non
« meno grandi Fallopio e Fabricio d'Acquapendente. »
(M. Zecchinelli, p. 14.)

1. *De formatione ovi et pulli,* Patavii, 1621.

2. *De formato fœtu,* Patavii, 1604.

3. Ou *Circulation pulmonaire.*

Deux questions sont ici à examiner : 1° Harvey a-t-il connu les écrits de Rudio? Et, 2° supposé qu'il les ait connus, a-t-il pu en profiter,
a-t-il pu en tirer assez pour que sa gloire d'inventeur en soit compromise?

Je vais examiner, l'une après l'autre, ces
deux questions.

§ Ier. — HARVEY A-T-IL CONNU LES ÉCRITS DE RUDIO?

Qu'Harvey ait connu les écrits de Rudio, c'est
ce dont on ne peut guère douter quand on a lu
M. Zecchinelli.

Je viens de dire qu'Harvey était arrivé à Padoue en 1598, et qu'il y avait passé quatre années de suite, de 1598 à 1602. Eh bien! c'est
précisement en 1600 que Rudio, d'un côté enseignait publiquement, enseignait en chaire, ses
doctrines sur la *structure et les fonctions du
cœur*, et que, de l'autre, il publiait celui de
ses livres qui importe le plus à l'objet présent,
son livre *De naturali atque morbosâ cordis
constitutione.*

Rudio, nous dit M. Zecchinelli, était un homme

de beaucoup de lecture, dépourvu d'ailleurs
d'invention, rechercheur diligent et reproduc-
teur exact des opinions, des doctrines, des
questions des temps passés : *de' tempi passati*[1].
Entre plusieurs écrits qu'il a laissés, il s'en
trouve deux sur la *Structure et sur les fonctions
du cœur*: écrits infortunés[1] non-seulement parce
qu'Harvey n'en a point parlé, mais parce
qu'Haller des deux n'en a fait qu'un, et que le
très-docte Antoine-Joseph Testa, dans son *Traité
des maladies du cœur*, n'en cite qu'un seul, et
ne le cite que pour en dire du mal[2].

Le premier de ces écrits, publié en 1587, a
pour titre: *De virtutibus et vitiis cordis;* et le
second, publié en 1600: *De naturali atque
morbosá cordis constitutione.* Tous deux ont été
imprimés à Venise; et, des deux, le plus impor-

1. Eustachio Rudio era uomo di lunga lettura, di nessuna
« invenzione, raccoglitore diligente, ed esatto ripetitore delle
« opinioni, delle dottrine, delle quistioni de' tempi passati,
« p. 7. »

2. « .... Sfortunate opere non solamente perchè non furono
« citate dall' Harvey, ma perchè l'Haller di due ne fece una
« sola, e perchè una sola fu conosciuta dal dottissimo autore
« del trattato sulle malattie del cuore Antonio Giuseppe Testa,
« che anche ne disse male..., » p. 7.

tant aux yeux de M. Zecchinelli, c'est-à-dire
celui des deux auquel Harvey a le plus em-
prunté, est le second, celui-là même qui voyait
le jour en 1600, pendant qu'Harvey étudiait à
Padoue.

Or maintenant, Harvey a-t-il entendu les leçons et vu le livre de Rudio? Évidemment
oui.

Comment supposer qu'un jeune homme,
plein d'ardeur, curieux, avide, qui avait quitté
les universités de sa patrie pour aller s'instruire
en terre étrangère, pour aller s'instruire à
Padoue, aurait négligé de suivre les leçons
et d'étudier le livre de l'un de ses maîtres,
du maître qui lui parlait précisément du
cœur, des *artères*, du *mouvement du sang*, de
ce que Padoue savait le mieux, et, à cette
époque-là, savait seule?

Mais, ce n'est pas tout.

Rudio nous raconte lui-même que, lorsqu'il
avait été nommé professeur à Padoue, quelques
envieux de Venise, qu'il appelle les *habiles*
(*solertissimi*), allaient partout répétant, pour
le dénigrer, qu'il ne ferait sûrement que redire

en chaire ce qu'il avait déjà dit dans ses livres ;
qu'il avait été averti de ce manége par une
lettre de Santorio, et que c'est là ce qui l'avait
déterminé à publier ses leçons, afin que, d'une
part, les studieux pussent comparer ses anciens
écrits avec son enseignement actuel [1]... et que,
de l'autre, les *Directeurs des études* [2] pussent
s'assurer qu'il n'était incapable ni de soutenir
le poids de l'honneur qui lui avait été conféré,

1. « Verùm eo tempore non defuerunt quidam solertissimi
« doctores qui... dicerent periculum esse ne, si illud esset
« munus ad me delatum, auditoribus desererer, quippè qui
« jam edidissem mea scripta, quæ cùm in manibus disci-
« pulorum versarentur, non juvaturos illos ex vivà voce
« haurire eam doctrinam, quam in libris descriptam habe-
« rent : quod mihi etiam significatum per litteras fuit à
« præclaro viro Sanctorio.... Quare dignitatis meæ causâ,
« ne fortè putent homines me eadem pro publicà concione
« dicere, quæ impressis à me libris continentur, faciendum
« mihi esse statui ut hos tres libros (ce petit traité est par-
« tagé en trois *livres*) ederem : *De naturali atque morbosá*
« *cordis constitutione à me conscriptos et in publicis præ-*
« *lectionibus duobus hisce mensibus habitos*, ut medicinæ
« studiosi possint hæc cum jam editis comparare... » (*Dédicace au sénateur Contarini*).

2. « ...Illustrissimis Instauratoribus significare me ad hoc
« onus sustinendum non esse inaptum, et posse res novas,
« maximeque utiles, neque tamen editis repugnantes, af-
« ferre... » *Ibid.*

ni d'exposer à ses auditeurs des *choses nouvelles
et grandement utiles*[1].

On pense bien que le nouvel ouvrage à peine
imprimé, les *habiles* se mirent à l'éplucher.

Or, le pauvre Rudio avait été assez imprudent
ou *d'assez peu de génie*[2] pour y copier, presque
mot à mot, Realdo Colombo, qui, plus de
quarante ans auparavant, avait admirablement
décrit la *petite circulation*[3], et cela, bien entendu, sans citer Colombo, et, qui pis est, en le
gâtant.

Ainsi, par exemple, Colombo, décrivant la
petite circulation, s'était bien gardé de répéter
a vieille erreur des *trous de la cloison moyenne*[4].

Il est vrai que l'erreur, corrigée par Colom-

---

1. *Ibid.*
2. « Il Rudio era stato o sì incauto o di sì povero ingegno...
« p. 11. »
3. Ou *circulation pulmonaire*.
4. « Di più, avendo anche il Rudio, uomo di molta eru-
« dizione, ma di critica non rispondente, conservato qualche
« solenne errore che non era nell' opera del Colombo; che
« questi anzi aveva corretto, ma che era stato conservato da
« Andrea Cesalpino, benchè avesse scritto dopo il Colombo,
« come quello dell' esistenza di forellini nel setto medio del
« cuore... p. 11. »

bo, avait été reproduite par Césalpin. Rudio, qui pille tout le monde,

Tros Rutulusve fuat...

mêle ce qu'il prend à droite avec ce qu'il prend à gauche, et fourre la méprise de Césalpin dans la description de Colombo.

Il n'en fallait pas tant pour donner beau jeu aux *habiles*. Il ne fut question un moment, à Padoue, que des plagiats et des bévues de Rudio; et de là, parmi les étudiants d'alors, du bruit, du scandale; chacun voulut confronter Rudio avec Colombo et Césalpin; et chacun le put aisément : Colombo et Césalpin étaient dans toutes les mains; le livre de Colombo[1] qui avait paru, pour la première fois en 1559, en était déjà à sa quatrième ou cinquième édition, et celui de Césalpin venait à peine d'être publié[2].

Certes, ce fut là une belle occasion pour Harvey, qui n'était ni sourd ni aveugle, d'entendre et de voir. Les plagiats de Rudio le menaient,

1. *De re anatomicâ.*

2. En 1593 : *Quæstiones peripateticæ* et *Quæstiones medicæ.*

20.

comme par la main, à Colombo et à Césalpin;
Colombo le menait, par la main, à la *petite cir-*
culation; Césalpin le menait à la *grande;* Colombo, Césalpin, leur plagiaire Rudio, en lui
expliquant, l'un après l'autre et tous ensemble,
l'*usage des valvules du cœur,* le menaient, par
la main, à l'*usage des valvules des veines.*

Harvey n'a donc rien découvert; et telle est,
en effet, la conclusion formelle de M. Zecchinelli.

Rien de ce qu'a fait Harvey n'est, aux yeux de
M. Zecchinelli, une *découverte.*

Harvey, dites-vous, est le premier qui ait
connu l'*usage des valvules des veines:* ce fut,
répond M. Zecchinelli, un mérite *d'induction,*
non de *découverte;* l'usage des *valvules du cœur*
donnait l'usage des *valvules des veines.* — Il a
observé que le sang passe continuellement des
veines au cœur et du cœur aux artères, en
grande quantité, en totalité, en masse, que tout
le sang passe, en un temps très-court, par le
cœur, donc il *circule:* mérite *d'observation, de*
comparaison, de raisonnement, non de *décou-*
verte. — Il a prouvé, en liant séparément les ar-

tères et les veines, que le sang, qui, par les artères, se porte continuellement du cœur à toutes
les parties, revient continuellement de toutes
les parties au cœur par les veines : mérite d'*exé-
cution*, de *confirmation*, non de *découverte* [1].

Encore une fois, Harvey n'a donc rien découvert : il a été le *démonstrateur* et non le *découvreur* de la *circulation du sang*. « Io deno-
« minai l'Harvey, dit M. Zecchinelli, più *dimos-
« tratore* che *scopritore* della circolazione del
« sangue [2]. »

§ II. — HARVEY A-T-IL ASSEZ PROFITÉ DU LIVRE DE RUDIO
POUR QUE SA GLOIRE D'INVENTEUR EN SOIT COMPROMISE?

M. Zecchinelli tranche la question, comme
on vient de le voir. « J'appelle, dit-il, Harvey le
« *démonstrateur* et non le *découvreur* de la cir-
« culation. »

1. « I meriti (les mérites d'Harvey) furono di aver conos-
« ciuto l'uso delle valvule del cuore... fu merito d'*induzione*,
« non di *scoperta*... Di avere osservato che il sangue va
« continuamente dalla vena cava... fu merito di *osserva-
« zione*, di *confronto* e di *ragionamento*, non di *scoperta*...
« Di aver provato con le legature... fu merito di *esecuzione*
« e di *conferma*, non di *scoperta*... p. 78 et 79. »
2. P. 3.

C'est là son opinion : mais on peut fort bien n'en pas être.

Qui donc pourrait ici ravir à Harvey la gloire de grand et principal inventeur? Assurément, ce n'est pas Rudio, lui qui n'a fait que compiler et copier sans comprendre.

Serait-ce Colombo? mais il n'a connu que la *circulation pulmonaire*[1].

Serait-ce Césalpin? Il a connu la *circulation pulmonaire* moins bien que Colombo[2], et il n'a qu'entrevu la *circulation générale*[3].

Serait-ce Fabrice? Il a découvert, il est vrai, les *valvules des veines*, et ce sera sa gloire éter-

---

1. Colombo, qui a si bien connu la *circulation pulmonaire*, n'a rien su de la *circulation générale*. Il croyait que les *veines* portaient le sang aux parties. « Venæ nihil aliud sunt quam « vasa concava ex tenui quâdam substantiâ conflata, ut « sanguinem ad singula membra deferant fabrefacta; nam « sanguine alitur omnis pars nostri corporis. » *De re anat.*, p. 305.

2. Moins bien, car il reproduit la vieille erreur de la *cloison percée* des ventricules : « ...Sanguis partim per me- « dium septum, partim per medios pulmones.... ex dextro « in sinistrum ventriculum cordis transmittitur... » *Quæst peripatet.*, lib. V. p. 126.

3. Je reviendrai bientôt sur ce point, qui est le vrai point du débat.

nelle, mais il en a complétement ignoré l'*usage*.

M. Zecchinelli insiste beaucoup sur des ressemblances de *mots* et de *phrases;* et il faut convenir, en effet, qu'il trouve souvent de ces ressemblances.

Dès les premières pages de son livre, Rudio compare le *cœur*, d'abord au *soleil: le cœur est le soleil du microcosme*, et puis il le compare au *roi.* Dans sa Dédicace à Charles Ier, Harvey fait ces mêmes comparaisons: « *le cœur est le « soleil du microcosme*, comme *le roi est le so« leil de son macrocosme, macrocosmi sui sol.*»

Rudio dit: « Cor in microcosmo tanquam sol « censendum est. Est igitur totius animæ radix, « à quo, tanquam à fonte, per omnes partes « animalis diffunditur...' »

Et Harvey dit: « Cor animalium fundamen« tum est vitæ, princeps omnium, microcosmi « sol, à quo omnis vegetatio dependet, vigor « omnis et robur emanat...²»

Rudio ajoute: « Scribebat philosophus ani« mam non in omnibus corporis partibus inesse,

1. P. 14.
2. *Dedicat.*

« sed in unâ tantum præcipuâ..... idque regis
« exemplo... Rex enim [1]... »

Et Harvey ajoute : « Rex pariter regnorum
« suorum fundamentum et macrocosmi sui
« sol [2]... »

M. Zecchinelli a vu, dans la ressemblance,
en apparence si marquée, de ces deux passages,
une preuve si forte d'emprunt, et, pour tout dire,
de *plagiat*, qu'il les a réunis tous deux, et les
a mis en tête de sa *Dissertation* pour y servir
d'*épigraphe*. Et cependant, est-ce une chose
bien sûre qu'ici même Harvey ait dérobé Rudio,
et lui ait pris ces comparaisons boursouflées ?
Les comparaisons où entraient le *microcosme*
et le *macrocosme* étaient alors très-communes.
Le savant et sincère Plempius (sincère, car,
après avoir combattu d'abord la *circulation*, il
déclara ensuite nettement qu'il s'était trompé),
Plempius, voulant louer de son mieux Harvey,
l'appelle le *circulateur du microcosme*, et cela,
dit-il, pour le distinguer d'un autre Anglais
qui, le premier, avait fait circuler le *macrocosme*.

1. P. 16.
2. *Dedicat*.

« Nuper Anglia novam peperit de motu cordis
« opinionem, quam invulgavit Gulielmus Har-
« veius, edito eâ de re peculiari libello. Senten-
« tiam suam multis plausibilibus rationibus
« adstruit, adeò ut jam multis doctis hodiè ar-
« ridere incipiat : nomineturque , honoris
« causâ, à quodam conterraneo suo *circulator*
« *microcosmi,* ad distinctionem alterius Angli,
« qui primus *macrocosmum circulavit*[1]... »

Rudio lui-même nous avertit que les comparaisons du *soleil* et du *roi* ne sont pas de lui :
ut tradunt alii[2]..., dit-il à propos de la première ; et, à propos de la seconde, il dit :
scribebat philosophus[3]...

Mais faisons un pas de plus. Laissons les mots
et venons aux choses, c'est-à-dire aux pensées
des deux auteurs. Nous les trouverons fort différentes.

Que veut faire entendre Rudio par sa *comparaison?* que, de même que, dans le monde
physique, tout dépend du *Soleil*, et, dans le

1. *De fundamentis medicinæ,* lib. II, cap. VII.
2. P. 14.
3. P. 16.

royaume, du *Roi*, de même dans l'*être vivant*,
dans la *vie*, tout dépend du *cœur* : « ....Animam
« non in omnibus corporis partibus inesse, sed
« in unâ tantum præcipuâ..., idque regis exem-
« plo... Rex enim non in omnibus regni sui par-
« tibus adest, sed in solâ regiâ habet residen-
« tiam ; ad alias verò partes regni, tanquam à
« regiâ pendentes, vim gubernandi communi-
« cat[1]...» Et ce que dit là Rudio, bien d'autres
l'avaient dit avant lui, nommément Galien,
que Rudio cite.

La pensée d'Harvey est très-différente : elle
est, de plus, très-neuve, et même si neuve, si
propre à Harvey, qu'il n'aurait pu l'expliquer
dans sa *Dédicace*. Il attend, pour cette explication, d'en être venu à son huitième chapitre.
Alors est parfaitement connu le *mouvement du
sang,* mouvement qui le porte sans cesse du
cœur aux parties, et le ramène sans cesse des
parties au cœur.

« On peut, dit Harvey, appeler ce mouvement
« *circulaire* , de même qu'Aristote a appelé *cir-*
« *culaire* le mouvement de l'eau et de la pluie.

1. P. 17.

« En effet, la terre, chauffée par le soleil, ex-
« hale son humidité en vapeurs; les vapeurs
« élevées se condensent; condensées, elles re-
« tombent en pluie et humectent de nouveau la
« terre. C'est ainsi que le cœur peut être ap-
» pelé le *soleil du microcosme*, de même que,
« toute proportion gardée, le soleil peut être
« appelé le *cœur du macrocosme* [1]. »

On voit combien, au fond, Harvey et Rudio
diffèrent. Ce sont bien, à la vérité, les mêmes
mots, les mêmes images; ce ne sont plus les
mêmes pensées :

On peut s'entendre moins, formant un même son,
Que si l'un parlait basque, et l'autre bas-breton [2].

Je ne suivrai pas M. Zecchinelli dans le long

1. « Quem motum circularem eo pacto nominare liceat
quo Aristoteles, aerem et pluviam circularem superiorum
« motum æmulari dixit. Terra enim madida, a Sole cale-
« facta, evaporat; vapores sursum elati condensantur, con-
« densati, in pluvias rursum descendunt; terram madefa-
« ciunt, et hoc pacto fiunt hic generationes et similiter tem-
« pestatum et meteorum ortus... Sic verisimiliter contingit
« in corpore, motu sanguinis... Ità cor principium vitæ et Sol
« microscomi, ut, proportionabiliter, Sol cor mundi appel-
« lari meretur... » (Cap. VIII).
2. Rulhières.

et néanmoins très-curieux parallèle qu'il établit,
à sa manière, entre les deux livres de Rudio
et d'Harvey. Sa *Dissertation* restera comme
une page précieuse de discussion et d'histoire ;
et si le spirituel et savant critique ne prouve pas
qu'Harvey n'*a rien découvert,* ce qui était pourtant la chose à prouver, *quod erat demonstran-
dum*, il prouve du moins très-bien qu'Harvey
savait admirablement tirer parti des découvertes des autres.

§ III. — EXAMEN DE QUELQUES DÉTAILS NÉCESSAIRES.

1o De Rudio et de l'usage des valvules du cœur.

C'est Rudio, nous dit M. Zecchinelli, qui a
le premier, *enseigné* à Harvey l'*usage des valvules du cœur*[1].

Enseigné: cela peut être, et n'a pas grande
importance ; mais assurément ce n'est pas Rudio
qui a *découvert* cet *usage*. Rudio copie sur ce
point Colombo, comme sur tant d'autres, et,
comme toujours, il le gâte.

---

1. « ...L'uso delle valvule del cuore, insegnatogli per la
« prima volta dal Rudio, » p. 78.

« Quand le cœur se dilate, dit Colombo, le
« ventricule droit reçoit le sang de la veine
« cave, et le ventricule gauche le sang de l'ar-
« tère veineuse (la *veine pulmonaire*) *mêlé à*
« *l'air* : pour cela, les *valvules* s'abaissent et
« cèdent au passage du sang ; et, au contraire,
« quand le cœur se contracte, elles se ferment
« pour que rien de ce qui était entré ne ressorte
« par les mêmes voies ; et en même temps les
« *valvules*, tant de la grande artère (l'*aorte*) que
« de la veine artérieuse (l'*artère pulmonaire*),
« s'ouvrent pour laisser passage, d'une part,
« au *sang spiritueux*, qui va se répandre dans
« tout le corps, et, de l'autre, au *sang naturel*,
« porté aux poumons[1]. »

Voici comment Rudio copie Colombo. « Dum

1. « Quando cor dilatatur, sanguinem à cavâ venâ in dex-
« trum ventriculum suscipit, nec non ab arteriâ venosâ san-
« guinem paratum, ut diximus, unà cum aere in sinistrum ;
« propterea membranæ illæ demittuntur, ingressuique ce-
« dunt : nam dum cor coarctatur, hæ clauduntur, ne quod
« suscepère per easdem vias retrocedat ; eodemque tempore
« membranæ tum magnæ arteriæ, tum venæ arteriosæ re-
« cluduntur, aditumque præbent spirituoso sanguini exeunti
« qui per universum corpus funditur, sanguinique naturali
« ad pulmones delato. » *De re anatomicâ*, p. 330. 1572.

« cor dilatatur, dit-il, sanguinem à cavâ venâ
« in dextrum ventriculum suscipit, et ab arteriâ
« venosâ *aerem*[1], *et, ut quidam volunt, etiam*
« *sanguinem in pulmonibus paratum*, in sinis-
« trum sinum trahit, quia membranæ illæ de-
« mittuntur, ingressuique cedunt. Dum autem
« constringitur, hæ clauduntur ne quod susce-
« pêre per easdem vias retrocedat, et eodem
« tempore magnæ arteriæ et venæ arteriosæ
« recluduntur membranæ, aditumque præbent
« spirituoso sanguini exeunti per totum corpus
« diffundendo, et sanguini naturali *ad nutrien-*
« *dos* pulmones delato[2] »

Dans ce passage, tout copié de Colombo, Ru-

1. Le mot *aerem* n'est point à regretter sous la plume de
Rudio, qui écrivait après Servet et Colombo; mais il l'est sin-
gulièrement sous la plume d'un Français, qui écrivait en
1540, douze ans avant Servet et dix-huit ans avant Colombo.
Voici la phrase de Louis Vassée : « Dextrum ventriculum,
« qui sanguineus appellatur, vena cava ingreditur et vena
« arteriosa egreditur, quæ in pulmonem dispergitur, san-
« guinem elaboratum conferens... Sinistro, qui caloris nativi
« fons est, et spirituosus appellatur, arteria venosa, quæ ex
« pulmone *aerem* cordi defert, fuliginosaque ipsius recre-
« menta educit, inseritur. » (Ludoici Vassæi : *In anatomen
corporis humani tabulæ quatuor;* tab. II, p. 15, verso, édit.
de 1583.) Voyez, ci-devant, p. 39.

2. *De nat. atque morb. cord. const.*, p. 25.

dio n'ajoute que quelques mots, que j'ai sou-
lignés, et chacun de ces mots est une bévue.

Colombo dit : « Le ventricule gauche reçoit
« le sang *préparé*, le sang *mêlé à l'air :* unà
« cum aere » (le sang *oxygéné*, le sang *rouge*,
comme nous dirions aujourd'hui); et Rudio dit:
« *l'air*, *et aussi*, *comme quelques-uns veulent*,
« *le sang préparé dans les poumons*. »

Mais, point du tout : le ventricule gauche
reçoit le *sang préparé dans les poumons*, le *sang
mêlé à l'air*, et ne reçoit pas l'*air*. Rudio passe,
sans la comprendre, par-dessus une des pages
les plus curieuses de Colombo.

« L'artère veineuse (la *veine pulmonaire*),
« dit Colombo, est faite pour porter le sang,
« qui s'est mêlé à l'air dans les poumons, au
« ventricule gauche du cœur, ce qui est aussi
« vrai que ce qu'il y a de plus vrai au monde :
« *quod tam rerum est, quam quod verissimum;*
« car, soit que vous fassiez l'expérience sur
« l'animal mort, soit que vous la fassiez sur
« les animaux vivants, vous trouverez toujours
« cette artère (l'*artère veineuse*, ou *veine pul-*
« *monaire*) remplie de *sang*, ce qui ne serait

« pas, si elle était faite pour porter l'*air*. —
« C'est pourquoi, ajoute-t-il, je ne puis assez
« admirer ces anatomistes qui ne savent pas
« voir une chose si évidente et si importante, et
« qui néanmoins se croient très-habiles, et, ce
« qui est bien pis, passent pour tels aux yeux
« de la plupart de leurs semblables[1]. »

Je viens à l'autre mot ajouté par Rudio, c'est-
à-dire à sa seconde bévue.

Colombo dit : « au sang naturel porté aux
« poumons; » et Rudio dit : « au sang naturel
« porté aux poumons *pour les nourrir : ad nu-*
« *triendos pulmones.* »

Mais le sang, qui va par la *veine artérieuse*
(*l'artère pulmonaire*) aux poumons, y va pour y
servir à *la respiration* et non pour *nourrir* ces

---

1. « .... Sentio... hanc arteriam venalem factam esse ut
« sanguinem cum acre a pulmonibus mixtum afferat ad
« sinistrum cordis ventriculum. Quod tam verum est quàm
« quod verissimum : nam non modo si cadavera inspicis,
« sed si viva enim animalia, hanc arteriam in omnibus san-
« guine refertam invenies, quod nullo pacto eveniret, si ob
« acrem duntaxat et vapores constructa foret. Quocirca ego
« illos anatomicos non possum satis mirari, qui rem tam
« præclaram, tantique momenti, non animadverterint :
« quamvis præcellentes haberi velint, immo vero a complu-
« ribus sui similibus habeantur. » *De re anat.*, p. 328.

organes ; et Servet l'avait déjà remarqué, du
moins en partie : « Confirmat hoc magnitudo
« insignis venæ arteriosæ, quæ nec talis, nec
« tanta facta esset, nec tantam à corde ipso vim
« purissimi sanguinis in pulmones emitteret, *ob*
« *solum eorum nutrimentum* [1]... »

2o De Servet, de Colombo, de Césalpin, et de la circulation pulmonaire.

Servet, Colombo, Césalpin ont très-bien connu et très-bien décrit, l'un après l'autre, la *circulation pulmonaire;* mais Césalpin ne cite pas
Colombo; Colombo ne cite pas Servet; Harvey
ne cite personne.

Et ce silence n'a point d'excuse. Harvey connaissait très-bien, comme on vient de voir,
Colombo et Césalpin, soit par lui-même, soit
par Rudio; Césalpin, qui professait à Pise, connaissait très-bien le livre de Colombo, livre, au
moment où il écrivait, depuis près de quarante
ans classique à Padoue.

Un seul doute peut donc subsister. Colombo
a-t-il connu Servet? J'ai dit, ci-devant, qu'il

1. Voyez, ci-devant. p. 28.

me paraissait peu vraisemblable qu'il l'eût
connu, le livre de Servet ayant été brûlé presque
aussitôt qu'imprimé[1]. J'ajoute aujourd'hui que
j'ai cru voir, partout empreint, dans la description animée de Colombo, le cachet de l'ori-
ginalité et de l'invention.

Cependant voici l'opinion de M. Zecchinelli :

« Il est très-probable, dit-il, que Rudio, se
« voyant si cruellement persifflé pour ses pla-
« giats, aura examiné, cherché et enfin trouvé,
« et tout aussitôt publié, que ce Colombo, qu'on
« lui opposait avec tant de faste, *était lui-même*
« *un plagiaire*, le *plagiaire* de Michel Servet,
« duquel, ajoute M. Zecchinelli, ainsi que de
« son trop fameux ouvrage (la *Restitution du*
« *christianisme*), il avait été beaucoup parlé en
« Italie, quelques années auparavant, à cause
« du célèbre et funeste supplice, consommé à
« Genève dans le mois d'octobre 1553[2].

1. Voyez, ci-devant, p. 149.
2. P. 12.

3° De Césalpin et de la circulation générale.

Nous voici arrivés au véritable point du débat et de la question.

Servet et Colombo n'ont connu que la *circuculation pulmonaire*. Césalpin seul a entrevu et indiqué la *circulation générale*.

Dans ses *Questions médicales*, il la conclut très-finement de ce que, quand on lie les veines pour la saignée, le gonflement se fait *au delà* et non *en deçà* de la ligature : *quia tument venœ ultrà vinculum, non citrà*[1], c'est-à-dire du côté des *parties*, et non du côté du *cœur;* dans son *Traité des plantes*, il la définit de la manière la plus précise : « Le sang, conduit au cœur « par les veines..., est porté par les artères « dans tout le corps[2]; » enfin, et à la suite même du passage des *Questions médicales*, que je viens de citer, il va plus loin encore; il lie, d'un trait rapide, les deux phénomènes ensemble : la *circulation pulmonaire* et la *circulation générale*.

« La disposition du cœur est telle, dit Césal-

1. *Quœst. medic.* p. 234. Voy. ci-devant, p. 34.
2. *De plantis*, lib. 1, cap. II, p. 3 Voy. ci-devant, p. 35.

« pin, que le sang passe nécessairement de la
« veine cave dans le ventricule droit,.du ven-
« tricule droit dans le poumon, du poumon
« dans le ventricule gauche, du ventricule gau-
« che dans l'aorte : de sorte donc qu'il y a un
« mouvement perpétuel, de la veine cave par le
« cœur et par les poumons, dans l'aorte[1]. »

Tous ces passages sont admirables, et particulièrement le dernier.

4º D'Harvey.

Je n'ôte rien, comme on voit, ni à Servet, ni
à Colombo, ni à Césalpin. Je laisse à Servet
et à Colombo la découverte de la *circulation pulmonaire;* je rassemble tous les plus
beaux titres de Césalpin à la découverte de
la *circulation générale.* Élevons, élevons sans
cesse la statue de ces hommes rares; mais,

1. « ....Sciendum est cordis meatus itâ à naturâ paratos
« esse, ut ex venâ cavâ intromissio fiat in cordis ventricu-
« lum dextrum, undè patet exitus in pulmonem; ex pulmone
« prætereà alium ingressum esse in cordis ventriculum
« sinistrum, ex quo tandem patet exitus in arteriam aor-
« tam membranis quibusdam ad ostia vasorum appositis,
« ut impediant retrocessum. Sic enim perpetuus quidam
« motus est, ex venâ cavâ per cor et pulmones, in arteriam
« aortam. » (*Quæst. medic.*, p. 234.)

de grâce, ne diminuons pas celle d'Harvey.

Sur Harvey, je suis en dissentiment complet avec M. Zecchinelli.

Plus je lis, plus j'étudie le beau livre qu'il nous a laissé, plus j'admire. Quel nombre infini d'expériences, toutes neuves, toutes utiles, toutes précises, sur le mouvement du cœur par rapport au thorax, des oreillettes par rapport aux ventricules, des ventricules par rapport aux artères, sur la cause du pouls, sur la marche du sang dans les veines et dans les artères, sur le mouvement perpétuel, incessant, rapide, si inconcevablement rapide qu'il semble presque simultané, de toute la masse du sang dans les veines, dans les artères, dans les oreillettes, dans les ventricules, etc., etc. ! De tous ces détails nécessaires, qui font suite, qui font chaîne, qui font tant par le nombre, aucun ne lui échappe. Il est le premier physiologiste qui tire tout de l'observation immédiate de la vie, de l'expérience sur l'animal vivant. C'est le grand maître en fait de vivisections. Il pense en expérimentant, et chaque expérience lui donne une idée.

II

DE RUINI

—

1° De Ruini et de la circulation pulmonaire.

Il y a, dans Ruini, une page très-remarquable sur la *circulation pulmonaire.*

« L'office de ces ventricules (des ventricules « du cœur), dit Ruini [1], est, pour le droit, de

[1] L'officio di questi ventricoli, è del diritto disponere il sangue, che di quello si possano generare li spiriti della vita et nodrire i polmoni; del sinistro è ricever questo sangue già disposto, et convertirne una parte ne gli spiriti che danno la vita et mandare il restante, insieme con quelli spiriti, per l'arterie à tutte le parti del corpo. Nell' uno et nell' altro ventricolo sono due bocche ò pertugi : per quelli del diritto entra il sangue della vena grande, ò cava, et esce per la vena arteriale; et per quelli del ventricolo manco entra il sangue, accompagnato dall' aere preparato ne i polmoni, per l'arteria venale; il quale fatto tutto spiritoso e perfettissimo nel ventricolo sinistro, esce (guidato dall' arteria grande) per tutte le parti del corpo, eccetto che per li polmoni, per farle participe di qualche calore, che li dà la vita. Di questi buchi del cuore, ogn'uno hà alla bocca tre' teluccie, dette dalli

« préparer le sang duquel se doivent engendrer
« les esprits de la vie et *se nourrir les poumons;*

Greci *ostioli* : delle quali alcune sono per la parte di dentro
et altre per la parte di fuori; alla bocca del primo buco, che
si vede nel ventricolo diritto, à cui si congiunge la vena
grande, ò cava, è una tela, ò membrana sottile, che il buco
d'ogni intorno avolge, la quale, caminando alquanto verso
la concavità del ventricolo, si divide in tre tele, ogn'una
delle quali finisce, come in una punta di triangolo, un poco
più sopra la metà del lungo del ventricolo; et da ciascuna
di queste punte nascono alcuni fili nervosi, che vanno ad in-
serirsi ne i lati del ventricolo verso il suo fine, et nelle tele, et
ne i fili, alla sostanza del cuore s'attaccano. Furno ivi poste
queste tele dalla natura, acciochè aprendosi, lasciassero,
quando il cuore s'allarga, entrare il sangue dalla vena grande
nel ventricolo diritto, o vietassero, quando il cuore si ritira,
chiudendo il primo buco, che il sangue stesso entrato la entro
per la vena grande, non riuscisse per la vena arteriale, et
rientrasse alla vena grande. La tela poi, che stà al secundo
buco del medesimo ventricolo diritto, al quale s'attaca la
vena arteriale non è fatta d'una semplice tela, anzi è divisa
in tre molto distinte, ciascuna delle quali comincia, come
in un mezo cerchio, dal tronco dalla vena arteriale, rile-
vandosi alquanto al principio, et dipoi facendosi alquanto
più grossa, s'allarga fuori del cuore, et, facendosi più grossa,
fa alcuni tubercoli che si stampano nella parte più alta del
cuore; da' quali nascono tre tele, ogn' una come in una meza
luna senza attaccarsi alla parte più alta del cuore, ò in
altra parte alcuna. Queste tre tele, aprendosi, lasciano
riuscire il sangue per la vena arteriale alli polmoni, et
victano che, per la bocca della vena arteriale aperta, di
nuovo non ritorni nel destro ventricolo, allargandosi al

22

« et , pour le gauche , de recevoir ce sang déjà
« préparé , d'en convertir une partie en esprits

cuore. Quasi nel medesimo modo ch'è nel primo buco del
ventricolo diritto, è posto un' altra tela al principio del primo
buco del ventricolo sinistro, dal qual nasce l'arteria venale,
che si distribuisce per li polmoni, ecceto che non si divide
in tre parti, come quella, mà solo in due : le quali sono
molto larghe di sopra, et finiscono in una punta soda, che
scende alquanto più giù che le punte delle tele del ventricolo
destro, et sono più grandi et forti di quelle. Et l'una di loro
occupa il lato manco, l'altra il destro di questo ventricolo.
L'officio suo è, quando il cuore s'allarga, aprendosi, di las-
ciare intrare il sangue, et li spiriti dall' arteria venale nel
ventricolo manco, et interiore, quando si ritira il cuore, che
il sangue et li spiriti non ritornino di nuovo nell' arteria venale. Alle tre tele del secondo buco del ventricolo diritto
rispondono le tre che sono poste alla bocca del secondo
buco del manco ventricolo, à cui s'attacca l'arteria grande ;
le quali sono del tutto simili à quelle, ecceto che sono molto
maggiori et più forti, come è ancor maggiore l'arteria grande
che la vena arteriale. Queste tele, quando il cuore si ritira,
aprendosi, lasciano uscire lo spirito vitale col sangue, che
và con empito nell' arteria grande, et quando s'allarga il
cuore, vietano, chiudendo il buco, che lo spirito et il sangue
non rientri di nuovo nel ventricolo. Hà di più il cuore
nella sua base due ale, overo due orecchie, una al lato
manco, un' altra al diritto, le quali sono dell' istessa sostanza assai molle, et dentro concave ; et la diritta è più
grande della stanca. Furono poste ivi dalla Natura per for-
tezza dalla vena cava, ò grande, et dell' arteria venale, le
quali malamente senza l'ajuto loro havriano potuto sosten-
tare l'impeto del battimento del cuore in quella gagliarda

« qui donnent la vie, et d'envoyer le reste,
« ensemble avec les esprits, à toutes les parties
« du corps par les artères. A chacun de ces
« ventricules sont deux ouvertures : par celles
« du ventricule droit entre le sang de la veine
« cave, qui sort par la veine artérielle; par
« celles du ventricule gauche entre le sang
« de l'artère veinale, *accompagné d'air...*,
« et qui, devenu dans le ventricule gauche
« tout spiritueux et tout parfait, sort, par
« la grande artère, pour se rendre à toutes les
« parties du corps (*les poumons exceptés*), et
« les faire participer à la chaleur, qui donne
« la vie.

« De ces ouvertures du cœur, chacune a, à
« son entrée, trois petites toiles ou membranes,
« *appelées par les Grecs : ostioli*, les unes pour
« l'ouverture intérieure et les autres pour l'exté-
« rieure. A l'entrée de la première ouverture
« du ventricule droit, où vient se joindre la veine

attrattione et espulsione del sangue, senza pericolo di rom-
persi, essendo elle sottili, ne di corpo così grosso e gagliardo
come è l'arteria, et per far maggiori i ventricoli del cuore,
et somministrargli la maggior copia di sangue et di spirito.
(P. 108, 109 et 110).

« cave, est une toile ou membrane fine qui en-
« toure l'ouverture, et qui, après avoir cheminé
« un peu vers l'intérieur du ventricule, se divise
« en trois..... Ces membranes ont été placées là
« pour laisser, en s'ouvrant quand le cœur se
« dilate, entrer le sang de la veine cave dans le
« ventricule droit, et empêcher, en fermant la
« première ouverture quand le cœur se con-
« tracte, que ce même sang, entré par la veine
« cave, ne sorte pas [1] par la veine artérielle,
« et rentre dans la veine cave. La membrane
« qui se trouve à la seconde ouverture du
« même ventricule droit, auquel se joint la
« veine artérielle, n'est pas faite d'une simple
« membrane, mais de trois fort distinctes.....
« Ces trois membranes, en s'ouvrant, laissent
« sortir le sang par la veine artérielle, qui le
« porte aux poumons, et empêchent que, par
« l'orifice de la veine artérielle, resté ouvert,
« il ne rentre de nouveau dans le ventricule
« droit, quand le cœur se dilate.

---

[1] *Ne sorte pas par :* c'est-à-dire que, *au lieu de sortir par
la veine artérielle,* (par où il doit sortir), *il ne rentre dans
la veine cave.*

« De la même manière à peu près qu'au
« premier orifice du ventricule droit, est pla-
« cée une autre membrane à l'entrée de la
« première ouverture du ventricule gauche,
« d'où naît l'artère veinale, qui *se distribue aux*
« *poumons;* cette membrane-ci ne se divise pas
« en trois comme l'autre, mais seulement en
« deux,.... l'une occupant le côté gauche et
« l'autre le côté droit de ce ventricule. Leur
« office est, quand le cœur se dilate, de laisser,
« en s'ouvrant, entrer le sang et les esprits de
« l'artère veinale dans le ventricule gauche, et
« d'empêcher, quand le cœur se contracte, que
« le sang et les esprits ne retournent dans l'ar-
« tère veinale. Aux trois membranes de la se-
« conde ouverture du ventricule droit corres-
« pondent les trois qui sont placées à l'entrée de
« la seconde ouverture du ventricule gauche,
« où s'attache la grande artère.... Ces membra-
« nes, en s'ouvrant, quand le cœur se contracte,
« laissent sortir l'esprit vital avec le sang, qui
« se jette avec impétuosité dans la grande ar-
« tère, et quand le cœur se dilate, elles em-
« pêchent, en fermant l'ouverture, que l'es-

« prit et le sang ne rentrent dans le ventri-
« cule.... [1] »

On ne peut en douter, Ruini a connu la *circulation pulmonaire;* mais il ne l'a connue qu'a-
près Servet [2], qu'après Colombo [3], qu'après Césalpin [4]; et il ne l'a pas mieux connue.

Par exemple, il nous dit que « l'office du ven-
« tricule droit est de préparer le sang dont se
« doivent nourrir les poumons; » mais Servet
avait déjà dit que la *veine artérielle* ne va pas
aux poumons *pour les nourrir* [5].

Il nous dit que « le sang de l'*artère veinale*
« entre dans le ventricule gauche, *accompagné*
« *d'air* » ; mais Colombo avait déjà dit que l'*ar-*

1 *Anatomia del Cavallo, infermita et suoi remedii,* etc. del
sig. Carlo Ruini, senator Bolognese. La première édition est
de 1598. Celle, que je cite ici, est de 1599.

2. Dont le livre : *Christianismi restitutio* est de 1553.

3. Dont le livre : *De re anatomicâ* est de 1559.

4. Dont les *Quæstiones peripateticæ* (première édition)
sont de 1569.

5. Ou au moins, uniquement pour cela : *obsolum eorum
nutrimentum....* « La veine artérielle ne serait ni si grande,
« ni ne porterait un tel volume de sang aux poumons, s'il
« ne s'agissait que de les nourrir. » (Voyez, ci-devant
p. 28).

tère veinale est *pleine de sang* et *ne contient point d'air* [1].

Il nous dit que « le sang de la *grande artère* « se rend à toutes les parties du corps, *excepté* « *aux poumons* » ; mais le sang de la *grande artère* se rend aux poumons comme à toutes les autres parties, et c'est par ce sang de la *grande artère* qu'ils sont nourris.

Enfin, il nous dit que « le sang de l'*artère* « *veinale se distribue aux poumons* » ; mais c'est tout le contraire qu'il fallait dire : elle *ne s'y distribue pas*, elle n'y va pas, *elle en vient*.

II

De Ruini et de la vieille erreur du passage de l'air dans l'artère veinale.

« L'office de la veine artérielle, dit Ruini, « est de nourrir les poumons, en leur portant

1. « La veine artérielle est faite pour porter au ventricule « gauche le sang, qui s'est mêlé à l'air dans les poumons ;... « vous la trouverez toujours en effet, pleine de sang,..... ce « qui ne serait pas, si elle était faite pour porter l'air, « *ob aèrem.* » (Voyez, ci-devant, p. 246).

« du cœur un sang léger, aéré et écumeux [1]. »

  « Celui de l'artère veinale, continue-t-il, est
« de porter l'air des poumons au ventricule
« gauche du cœur [2]. »

  « C'est encore de fournir aux poumons une
« suffisante quantité de sang subtil et spiri-
« tueux [3]. »

Et tout cela, tout autant d'erreurs, quoique,
pour le temps où écrivait Ruini, erreurs très-
excusables : La *veine artérielle ne nourrit pas* les
poumons ; l'*artère veinale* ne *porte pas l'air* des
poumons au ventricule gauche ; et cette même
artère veinale ne *fournit pas* aux poumons un
sang spiritueux et subtil.

1. L'officio della vena arteriale è di nodrire i polmoni, por-
tando loro dal cuore il sangue leggiero, aereo et spumoso.
(P. 112).

2. Quello dell' arteria venale è di portar l'aere dà gli polmoni al ventricolo manco del cuore et di condur fuori, nello
stringersi il cuore, quelli escrementi fuliginosi, che sono
prodotti dalla mutatione dell' aere attratto nel sinistro ventricolo, nell' aprirsi il cuore dal nativo calore. (p. *id.*).

3. Et di somministrare ancora alli polmoni sufficiente sangue sottile et spiritoso, et questa arteria venale in guisa
d'arbore roverscio con varii et diversi rami piantati nella
sostanza de i polmoni, et di più ridotto in due tronchi, et
finalmente in uno, esce del petto, et camina alle fauci.(p. *id.*)

III

De Ruini et de la circulation générale.

Mais encore une fois, pour Ruini comme pour Rudio, venons au point principal.

Lorsqu'il s'agit d'Harvey (car on a voulu opposer Ruini à Harvey), et particulièrement de ce qu'il peut avoir eu d'antériorité, relativement aux autres, le débat ne saurait être sur la *circulation pulmonaire*.

La *circulation pulmonaire* était connue bien avant Harvey : par Servet, par Colombo, par Césalpin.

Quand il s'agit d'antériorité, relativement à Harvey, le débat ne saurait être que sur la *circulation générale*.

Or, ici, Ruini n'a rien vu. Il dit, comme Galien [1], comme Vésale [2], comme Colombo [3],

1. Sanguinis autem in omnes partes ferendi gratiâ venæ factæ sunt. (*De usu partium*, p. 117).

2. In venarum usu inquirendo, vix vivorum sectione opus est, quum in mortuis affatim discamus eas sanguinem per universum corpus deferre. (Voyez, ci-devant, p. 33).

3. ..... Hanc esse venarum utilitatem ut ad omnes corporis partes sanguinem pro nutrimento deferant. (*De re anato-*

comme Fabrice [1], que les veines *portent le sang aux parties* [2].

Césalpin seul, avant Harv , a osé dire le contraire; et ce que Césalpin avait osé dire, Harvey l'a démontré.

C'est pour avoir démontré ce que les autres n'avaient que vu, ou même n'avaient qu'entrevu, qu'Harvey est le grand Harvey.

micâ, p. 321). — Venæ nihil aliud sunt quàm vasa concava ex tenui quadam substantiâ conflata, ut sanguinem ad singula membra deferant, fabrefacta. (*Ibid.*, p. 305.)

1. Quis enim unquam fuisset opinatus intrà venarum cavitatem reperiri membranas et ostiola? cùm præsertim venarum cavitas, quæ ad deferendum sanguinem in corpus universum erat comparata, libera, ut liberè sanguis permearet, futura esset. (*De venarum ostiolis.*)

2. Vena grande *manda* rami à disseminarsi... *et porta nodrimento* (p. 119). — La vena che porta nutrimento... p. 64. — Vengono... le vene et l'arterie... per portar nodrimento. — p. 94. — Danno nutrimento et vita à tutte queste parti un ramo della vena et arteria..... p. 100.

PARTIE PHYSIOLOGIQUE

DU

LIVRE DE SERVET.

PARTIE PHYSIOLOGIQUE

DU LIVRE DE SERVET

INTITULÉ

CHRISTIANISMI RESTITUTIO

Totius Ecclesiæ apostolicæ est ad sua limina vocatio, in integrum restituta cognitione Dei, fidei Christi, justificationis nostræ, regenerationis baptismi et cœnæ Domini manducationis. Restituto denique nobis regno cœlesti, Babylonis impiæ captivitate solutâ, et Antichristo cum suis penitus destructo.

Καὶ ἐγένετο πόλεμος ἐν τῷ οὐρανῷ.

..... Ut verò totam animæ et spiritûs rationem habeas, lector, divinam hìc philosophiam [2] adjungam, quam facilè intelliges, si in anatome fueris exercitatus. Dicitur in nobis ex trium superiorum elementorum substantiâ esse spiritus triplex : naturalis, vitalis et animalis. Tres spiritus vocat Aphrodisæus. Verè non sunt tres, sed duo spiritus distincti. Vitalis est spiritus, qui per anastomoses ab arteriis communicatur venis, in quibus dicitur natu-

1. MDLIII.— Exemplaire de Colladon, un des accusateurs de Servet. — Voyez, à la page 154, ce que j'ai dit de cet exemplaire.
2. On a vu (p. 156 et suiv.) le commentaire de cette *divine philosophie.*

23

ralis. Primus ergò est sanguis, cujus sedes est in
hepate , et corporis venis. Secundus est spiritus
vitalis, cujus sedes est in corde, et corporis arteriis.
Tertius est spiritus animalis , quasi lucis radius,
cujus sedes est in cerebro , et corporis nervis. In
his omnibus est unius spiritûs et lucis Dei energia.
Quod à corde communicetur hepati spiritus ille
naturalis, docet hominis formatio ab utero. Nam
arteria mittitur juncta venæ per ipsius fœtûs umbi-
licum : itidemque in nobis posteà semper junguntur
arteria et vena. In cor est prius quàm in hepar à
Deo inspirata Adamæ anima, et ab eo hepati com-
municata. Per inspirationem in os et nares est verè
inducta anima : inspiratio autem ad cor tendit. Cor
est primum vivens, fons caloris in medio corpore.
Ab hepate sumit liquorem vitæ, quasi materiam,
et eum vice versâ vivificat : sicut aquæ liquor supe-
rioribus elementis materiam suppeditat, et ab eis,
junctâ luce, ad vegetandum vivificatur. Ex hepatis
sanguine est animæ materia , per elaborationem
mirabilem, quam nunc audies. Hinc dicitur anima
esse in sanguine, et anima ipsa esse sanguis, sive
sanguineus spiritus. Non dicitur anima principaliter
esse in parietibus cordis, aut in corpore ipso cerebri, aut hepatis, sed in sanguine, ut docet ipse
Deus : *Genes.* 9, *Lev.* 17, et *Deut.* 12.

Ad quam rem est priùs intelligenda substantialis
generatio ipsius vitalis spiritûs, qui ex aëre inspirato et subtilissimo sanguine componitur et nutritur. Vitalis spiritus in sinistro cordis ventriculo
suam originem habet, juvantibus maximè pulmo-

nibus ad ipsius generationem. Est spiritus tenuis, caloris vi elaboratus, flavo colore, igneâ potentiâ, ut sit quasi ex puriori sanguine lucidus vapor, substantiam in se continens aquæ, aëris et ignis. Generatur ex factâ in pulmonibus mixtione inspirati aëris cum elaborato subtili sanguine, quem dexter ventriculus cordis sinistro communicat. Fit autem communicatio hæc [1], non per parietem cordis medium, ut vulgò creditur. Sed magno artificio à dextro cordis ventriculo, longo per pulmones ductu, agitatur sanguis subtilis : à pulmonibus præparatur, flavus efficitur, et à venâ arteriosâ in arteriam venosam transfunditur. Deinde in ipsâ arteriâ venosâ inspirato aëri miscetur, expiratione à fuligine repurgatur. Atque ità tandem à sinistro cordis ventriculo totum mixtum per diastolem attrahitur, apta supellex, ut fiat spiritus vitalis.

Quod ità per pulmones fiat communicatio et præparatio, docet conjunctio varia et communicatio venæ arteriosæ cum arteriâ venosâ in pulmonibus. Confirmat hoc magnitudo insignis venæ arteriosæ, quæ nec talis, nec tanta facta esset, nec tantam à corde ipso vim purissimi sanguinis in pulmones emitteret, ob solum eorum nutrimentum, nec cor pulmonibus hac ratione serviret; cùm præsertim anteà in embryone solerent pulmones ipsi aliundè nutriri, ob membranulas illas, seu valvulas cordis, usque ad horam nativitatis nondum opertas, ut

1. *Fit autem communicatio hæc...* C'est ici que commence l'admirable passage sur la *circulation pulmonaire.* — J'ai donné le commentaire particulier de ce passage à la page 23 et suivantes.

docet Galenus. Ergò ad alium usum effunditur sanguis à corde in pulmones horâ ipsâ nativitatis, et
tam copiosus. Item, à pulmonibus ad cor non simplex aër, sed mixtus sanguine mittitur per arteriam
venosam : ergò in pulmonibus fit mixtio. Flavus
ille color à pulmonibus datur sanguini spirituoso,
non à corde. In sinistro cordis ventriculo non est
locus capax tantæ et tam copiosæ mixtionis, nec
ad flavum elaboratio illa sufficiens. Demum, paries
ille medius, cum sit vasorum et facultatum expers,
non est aptus ad communicationem et elaborationem illam, licèt aliquid resudare possit [1]. Eodem
artificio, quo in hepate fit transfusio à venâ portâ
ad venam cavam propter sanguinem, fit etiam in
pulmone transfusio à venâ arteriosâ ad arteriam
venosam propter spiritum. Si quis hæc conferat
cum iis quæ scribit Galenus lib. vi et vii *de usu
partium,* veritatem penitùs intelliget, ab ipso Galeno non animadversam.

   Ille itaque spiritus vitalis à sinistro cordis ventriculo in arterias totius corporis deindè transfunditur,
ità ut qui tenuior est superiora petat, ubi magis
adhuc elaboratur, præcipuè in plexu retiformi, sub
basi cerebri sito, in quo ex vitali fieri incipit animalis, ad propriam rationalis animæ sedem accedens. Iterum ille fortius mentis igneâ vi tenuatur,
elaboratur, et perficitur, in tenuissimis vasis, seu capillaribus arteriis, quæ in plexibus choroïdibus sitæ

---

1. *Licèt aliquid resudare possit...* Dernier vestige de la vieille erreur de la *cloison percée* des ventricules. Voyez, ci-devant, pag 21 et
suivantes.

sunt, et ipsissimam mentem continent. Hi plexus intima omnia cerebri penetrant, et ipsos cerebri ventriculos internè succingunt, vasa illa secum complicata et contexta servantes, usque ad nervorum origines, ut in eos sentiendi et movendi facultas inducatur.

Vasa illa miraculo magno tenuissimè contexta, tametsi arteriæ dicantur, sunt tamen fines arteriarum, tendentes ad originem nervorum, ministerio meningum. Est novum quoddam genus vasorum. Nam, sicut in transfusione à venis in arterias, est in pulmone novum genus vasorum ex venâ et arteriâ, ità in transfusione ab arteriis in nervos est novum quoddam genus vasorum, ex arteriæ tunicâ in meninge : cùm præsertim meninges ipsæ suas in nervis tunicas servent. Sensus nervorum non est in molli illâ eorum materiâ, sicut nec in cerebro. Nervi omnes in membranorum filamenta desinunt, exquisitissimum sensum habentia, ad quæ ob id semper spiritus mittitur. Ab illis itaque meningum seu choroïdum vasculis, velut à fonte, lucidus animalis spiritus, veluti radius, per nervos effunditur in oculos et alia sensoria organa. Viâ eâdem, vice versâ, advenientes extrinsecus sensatarum rerum lucidæ imagines, ad fontem eumdem mittuntur, quasi per lucidum medium intrò penetrantes.

Ex his satis constat mollem illam cerebri massam non propriè esse rationalis animæ sedem, cùm frigida sit, et sensûs expers [1]. Sed esse veluti pul-

---

1. Le *cerveau proprement dit* (*lobes* ou *hémisphères cérébraux*) est dépourvu de *sensibilité*, de la *sensibilité* commune aux *nerfs* et à la

vinum dictorum vasorum, ne rumpantur, et custodem animalis spiritûs, ne diffletur, quandò nervis
est communicandus : et esse frigidam ad contem-
perandum igneum illum intrà vasa contentum calorem. Hinc quoque fit ut prædictis vasis communem membranæ tunicam in internâ cavitate servent nervi, ad fidam spiritûs custodiam : idque à
tenui meninge, sicut et externam aliam tunicam
habent à crassâ. Illa etiam ventriculorum cerebri
spatia inania, quæ philosophi et medici admirantur,
nihil minus continent quàm animam [1]. Sed primâ
ratione facti sunt ventriculi illi ad expurgamenta
cerebri recipienda, veluti cloacæ, ut probant excrementa ibi recepta, et meatus ad palatum et
nares, à quibus defluxiones morbosæ nascuntur. Et
quandò ventriculi ità opplentur pituitâ, ut arteriæ
ipsæ choroïdis eâ immergantur, tunc subitò generatur apoplexia. Si partem obstruat noxius humor,
cujus vapor mentem inficiat, generatur epilepsia,
aut morbus alius, juxtà partem in quam ille ex-
pulsus decumbet. Ibi ergò dicemus esse mentem,
ubi eam affici manifestè percipimus. Ex immode-
rato illorum vasorum fervore, aut meningum in-
flammatione, fiunt manifestè deliria et phrenitides.
Undè ex accidentibus morbis, ex sitûs et substantiæ ratione, ex caloris vi, et eum continentium

moelle épinière, mais il est le siége de *l'intelligence*. (Voyez mon livre
intitulé : *Rech. expér. sur les propriétés et les fonctions du système
nerveux.)*

1. Les *espaces vides* des ventricules du cerveau *ne contiennent rien
moins que l'âme*. On verra tout à l'heure quel est *l'hôte étrange* que
Servet loge à côté de l'âme.

vasorum artificiosâ pulchritudine, et ex ibi appa-
rentibus animæ actionibus semper colligimus esse
vascula illa præferenda, et quia eis reliqua omnia
serviunt, et quia sensuum nervi eis alligantur, ut
indè vim accipiant. Postremò, quia nos ibi laborantem intellectum percipimus, in forti meditatione
arteriis illis usque ad tempora pulsantibus. Vix
intelliget, qui locum non viderit. Secundâ aliâ ratione facti sunt ventriculi illi, ut ad spatia eorum
inania penetrans per ossa ethmoïde inspirati aëris
portio, et ab ipsis animæ vasis per diastolem at-
tracta, animalem intùs contentum spiritum reficiat
et animam ventilet. In vasis illis est mens, anima et
igneus spiritus, jugi flabellatione indigens : aliòquin,
instar externi ignis, conclusus suffocaretur. Flabellatione et difflatione instar ignis indiget, non solùm, ut ab aëre pabulum sumat, sed ut in eum
suam fuliginem evomat [1].

Sicut elementaris hic externus ignis terreo crasso
corpori, ob communem siccitatem, et ob communem lucis formam, alligatur, corporis liquorem pabulum habens, et ab aëre difflatur, fovetur, et nutritur : ità igneus ille noster spiritus et anima corpori similiter alligatur, unum cum eo faciens, ejus
sanguinem pabulum habens; et ab aëreo spiritu,
inspiratione et expiratione, difflatur, fovetur et nu-

---

1. Toutes ces idées de Servet sur la *formation des esprits*, le rôle
des *plexus choroïdes*, le *siége de l'âme*, etc., toutes ces idées viennent
de Galien, comme je l'ai déjà dit (p. 157 et suiv.) Ce qui suit est de
Servet tout seul, et n'est pas bien raisonnable : *Velut ægri somnia...*

tritur, ut sit ei duplex alimentum, spirituale et cor-
porale. Hac loci et spiritualis fomenti ratione con-
veniens admodum fuit, eumdem nostri spiritûs lucidum naturâ locum spiritu alio sancto, cœlesti, lucido,
afflari, idque per oris Christi expirationem, sicut à
nobis inspiratione in eumdem locum trahitur spiritus.
Decuit eumdem nostri intellectûs, et lucentis animæ
locum, cœlesti alterius ignis luce denuò illuminari.
Nam Deus primam in nobis lucernam illuminat, et
subortas ibi tenebras denuò vertit in lucem, ut aït
David, psalm. 17 et 2, Sam. 22. Idipsum docet
Elihu in Job, cap. 32 et 33. Idipsum docuerunt Zo-
roaster, Trismegistus et Pythagoras, ut mox citabo.
Vasorum quoque formatio et temperies bona ad
mentis bonitatem facit, ut illis sit anima melior,
quibus sunt illa melius disposita. Sicut verò à bono
spiritu insita illa lux magis et magis illuminatur,
ità et à malo obscuratur. Si in vascula illa cerebri,
cum animali nostro lucido spiritu tenebrosus et
nequam spiritus intrudatur, tunc dæmoniacos fu-
rores videbis, sicut per bonum spiritum lucidas reve-
lationes. Vascula autem illa facilè impetit spiritus
nequam, qui sedem habet vicinam in abyssis illis
aquarum, et lacunis ventriculorum cerebri[1]. Spiritus ille nequam, cujus potestas est aëris, unà cum

---

1. Servet prend tout au physique (Voyez, ci-devant, p. 156). L'âme
loge dans les ventricules du cerveau (Voyez, ci-devant, p. 270, note 1),
et tout à côté (dans un lieu voisin (*sedem habens vicinam*), l'esprit
malin, dans les *abîmes des eaux* de ces ventricules. *Abîmes des eaux*,
grande expression, et que (pour retourner une phrase de Servet) comprendra à peine celui qui a vu le lieu : *Vix intelliget, qui locum viderit;* — p. 271.

inspirato à nobis aëre, lacunas illas liberè ingreditur, et egreditur, ut ibi cum spiritu nostro, intrà vasa illa velut in arce, collocato, jugiter dimicet. Imò eum ità undique obsidet, ut vix illi liceat respirare, nisi quum superveniens lux spiritûs Dei malum spiritum fugat. Ecce quam decenter loco illi conveniat, mentis, spiritûs, revelationis, et intellectûs ratio, et insita et superveniens, et tentationum superiorum pugna, ut alias nunc tentationes omittam. Simili inspirationis ratione charitas Dei in corde per spiritum sanctum accenditur. In corde, ultrà vitæ principium, est voluntatis imperium, et post tentationes intellectûs, ac carnis stimulos, prima peccati origo, ex consensu Matth. 15. Sed ea quæ in cerebro sunt, absolvamus, priusquam ad cor progrediamur. Variæ pro illorum cerebri vasorum diversitate sunt mentis actiones, quemadmodum sunt varia organa in variis ventriculis quos nunc ità expono.

Animali illi et igneo spiritui, in illis choroïdis vasculis contento, communicatur inspiratus aër, parte exiguâ [1], per ossa dicta ethmoïde, tendens ad priores duos cerebri ventriculos, in sincipitis dextrâ et sinistrâ constitutos. Ibique capillares illæ choroïdis arteriæ aërem illum dilatatæ hauriunt, ad ventilandam animam. Ad easdem etiam nervi duo optici, connexu facto, visorum lucidas imagines

1. Servet fait, de l'air inspiré, deux parts : la plus petite (*parte exiguâ*) pénètre jusqu'aux ventricules du cerveau par les trous de l'os ethmoïde (voyez, ci-devant, p. 161, note 2); la plus grande va aux poumons, des poumons au cœur, etc. (Voyez, ci-après, p. 278, note 2.)

deferunt, sicut et auditorii, et aliorum sensuum
nervi, tegumento communis membranæ semper
servato, ad fidissimam et tutissimam omnium custodiam. Si enim in spatiis illis inanibus vagarentur
species et spiritus cum animâ, emungendo foras
omnia emitterentur, aut saltem per sternutationem[1].
Si ibi esset anima, jam non esset in sanguine, cùm
sanguis non sit extrà vasa. In vasis ergò choroïdum est mens tutissimè sita. Tutissimum est tegu-
mentum, et ad dicta vasa, parte quadam in priori-
bus ventriculis sita, tendunt sensorii principes
nervi ut sit ibi initium sensûs communis, exterio-
rum sensuum in commune lata apprehensio, seu
imaginatio, ut conferri invicem et commisceri ap-
prehensa ibi incipiant.

Ille deindè inspiratus in cerebrum aër, à duobus
ventriculis anterioribus fertur ad medium, sive ad
meatum quemdam communem, concursu sub
psalloïde facto, ubi lucidior et purior est mentis
pars : quæ divinitùs innata sibi idearum semina
exerens, ex semel jam apprehensis imaginibus, potest res novas similitudine quadam cogitare, sive
componere, imaginata commiscere, ex aliis alia
inferre, inter ea discernere, et puram ipsam veritatem colligere, lustrante Deo [2]. Minor est ibi ven-

---

1. Si l'*âme*, l'*esprit*, les *idées* eussent erré çà et là dans les espaces
vides du cerveau, l'*âme* aurait pu être *jetée dehors* par l'action de se
moucher, ou par l'éternuement. Heureusement que l'âme réside dans
les vaisseaux des plexus choroïdes : *in vasis choroïdum est mens
tutissimè sita ;* et l'on peut *se moucher* sans crainte.

2. *Quæ divinitùs innata...* Passage très-élevé et plein de bon sens.—
Potest res novas similitudine quadam cogitare... l'ensée ingénieuse :

triculus, et excellentior intellectûs ratio : quia arteriæ choroïdis sunt ibi copiosiores, quæ suum
igneum spiritum diastole reficiunt, et communis
sensûs apprehensiones in ratiocinationem magis et
magis luculentam adducunt, luce eâ spiritali intrò
per vasa penetrante, et Deitate ipsâ ibi refulgente.
Spatium inane non tantum ibi est, quantum in aliis
ventriculis, ut meatum potius quàm ventriculum
dixeris, seu longam et anfractuosam scrutinii
viam. Quod factum sapienter est, ob scrutinii dif-
ficultatem. Minor ideò est ventriculus, quià ubi est
purior et lucidior mentis pars, non tot congeri de-
buerunt excrementa. Et quæ ibi generantur, in
subjectam rectà choanam facilè dilabuntur, ne
mentis lucernam exstinguant, aut ei sint impedi-
mento. Plura sunt ibi vasa circà conarium, plures
arteriarum pulsus, potentior ibi mentis et ignei
spiritûs actio. Nos quoque potentius ibi juxtà tempora pulsare laborantem intellectum exterius et
interius deprehendimus, ut hoc solo experimento
ad ipsum mentis locum manu ducamur. Adde quod
ei loco est propinquior sensus auditûs, qui est sensus disciplinæ. Miraculum maximum est hæc hominis compositio[1]. Multi et longi ibi anfractus,
usque ad cerebellum, ut longo scrutinio anfractuosæ
quæque res possint investigari, et tenebræ illumi-

---

l'esprit ne découvre le *neuf* que par une certaine ressemblance qu'il lui
trouve avec l'*inné*.

1. Enthousiasme vrai, et de l'homme qui a fait le premier grand pas
dans l'étude de cette *admirable structure*, de l'homme qui a découvert
la *circulation pulmonaire*.

nari, adjuvantibus etiam, per comminiscendi facultatem, iis quæ in memoriâ fuerant anteà recondita.
Ibi quoque à janitore scolicoide, et sinuosis gluttis,
cùm intenditur cogitatio, retinetur quodam modo,
augeturque inspirati aëris fomentum, donec ab eo
flabellatis et impetu pulsantibus omnibus mentis
arteriis [1], sit scrutinium perfectum, et lucidè omnia
illustrata. Menti ergò, quæ ignea est, et lucis Dei
particeps, apprimè cohæret locus ille igneus, et
jam parta notitia, quæ etiam lucis est radius, et
luminosa quædam imago. Externæ etiam rerum
sensibiles species in oculum missæ, luminosæ sunt,
et ab objecto luminoso, seu lucis formam habente,
per medium luminosum missæ. Undè et mens ipsa
magis et magis illustratur.

Non solùm à visu, qui plures rerum differentias
nobis ostendit, intellectus ornatur, sed et ab aliorum sensuum objectis, quæ omnia cum lucido
nostro spiritu cognationem aliquam habent. Cogna-
tio est ex omnium substantiali formâ, quæ lux est,
et ex spiritali ipso in singulis agendi modo. Sonus
et odor instar spiritûs sunt, instar spiritûs perci-
piuntur, et instar spiritûs in nobis agunt. Auditorum
perceptio fit externo spiritu ad auris membranam
feriente ipsum internum spiritum, in quo sita est
lux animæ, et spiritalis harmoniæ concentus, diastole et systole ordinatus. Odoratorum similis est
ferè ratio. Quæ autem gustantur et tanguntur, quan-

---

1. *Les artères de l'esprit :* expression hardie, mais qui peint bien le
côté matériel des vues de Servet.

quam corporea magis sint, tamen vires habent, ad immutandam animam aptas, illa per humiditatem, hæc per renixum : ex lucis item communi formâ, et ejus variâ in spiritum actione. Lucis ratione substantia hæc tota in animam agit, cùm totius ideam in eâ imprimit. Substantias ipsas nunc vident sophistæ, qui anteà docebant nihil videri, nec in Deo, nec in nobis, nisi qualitates, et fucatas larvas. At nos in Christo videntes substantialem lucem, in aliis quoque veræ lucis visionem prosequimur.

Ab omnibus prædictis in medio ventriculo illustratis, ad quartum in parencephalide ventriculum, permittente janitore, spiritus ipse tendit, et luminosa conflata imago, in ipsius animæ lumine sita. Ibi verò, velut in cerebri fundo [1], vasa illa suum memoriæ thesaurum tenaciter observant, et quæ sunt sensu et ratiocinatione inventa recondunt : non parietibus affixa, sed in ipsâ animæ substantiâ, velut in materiâ quadam [2]. Habet ibi anima retenti spiritûs fortiora vasa, ne tam facilè memoria diffluat. Omitto, quòd eâ viâ per spinæ magnos nervos, motrix totius corporis facultas ad musculos mittatur, animali illo spiritu veluti radiante. Sunt itaque in cerebro ventriculi quatuor, et sensus interiores tres. Nam priores duo ventriculi sensum unum communem faciunt, imaginum receptorem.

---

1. Les vaisseaux du *fond du cerveau* conservent et *recèlent* le trésor de la mémoire. Il fallait qu'ils fussent *au fond* pour mieux *recéler.*

2. *Comme dans une certaine matière* : toujours le même point de vu matériel, l'âme-matière.

Media est cogitatio, et extrema memoria [1]. Hæc de spiritali in cerebrum ductâ portione, cerebri organis, atque potentiis [2].

Parte alterâ majore [3] inspiratus aër per tracheam arteriam ad pulmones ducitur, ut ab ipsis elaboratus ad arteriam venosam transeat, in quâ flavo et subtili sanguini miscetur, ac magis elaboratur. Deindè totum mixtum, à sinistro cordis ventriculo diastole attrahitur, in quo fortissimâ et vivificâ ignis ibi contenti virtute ad suam formam perficitur, et fit spiritus vitalis, multis in eâ elaboratione expiratis fuliginosis recrementis. Hoc totum veluti materia est ipsius animæ. Ultrà totum hoc mixtum, duo in animâ supersunt : quid vivens spiratione creatum, aut in suâ materiâ productum, et spiritus ipse, seu divinitas ipsa spirando insita, omnia unum, et anima una. Id medium, quod principaliter anima dicitur, halitus est et spiritus, utrinque cum spiritu essentialiter junctus. Substantia est ætherea, illi archetypæ superelementari, et huic quoque inferiori similis : naturalis anima una, vitalis et animalis. Ecce totam animæ rationem, et

1. Ainsi, les deux ventricules antérieurs sont le siége du *sens commun*, le ventricule moyen est le siége de la force qui *pense*, et le quatrième ou dernier ventricule est le siége de la mémoire : c'est tout un petit système de localisation psychologique, à la manière de nos *phrénologues*.

2. Voilà pour la petite *portion d'air* (*parte exiguâ*, p. 273), portée dans le cerveau, pour la *portion* qui sert, selon Servet, aux *fonctions* de cet organe.

3. Servet revient maintenant à la *grande portion d'air inspiré*, laquelle va aux poumons, passe des poumons dans l'*artère veineuse* s'y mêle au sang rouge, arrive au ventricule gauche, et *s'y fait espri vital*. (Voyez, ci-devant, p. 158 et suiv.)

quâ re anima omnis carnis in sanguine sit, et Anima ipsa sanguis sit[1], ut ait Deus. Nam afflante Deo, inspirata per os et nares in cor et cerebrum ipsius Adamæ, et natorum ejus, illa cœlestis spiritûs aura, sive idealis scintilla, et spiritali illi sanguineæ materiæ intùs essentialiter juncta, facta est in ejus visceribus anima[2]. (P. 169-178.)

1. Tel était le point à démontrer : que l'*âme est dans le sang*, que le *sang est l'âme même*. (Voyez, ci-devant, p. 156.) Et c'est ce que le pauvre Servet croit avoir fait.

2. *Facta est in ejus visceribus anima* : la formation de l'âme, et, pour tout dire, la *mécanique* même de cette formation (voyez, ci-devant, p. 156) : tel est l'objet final de la *physiologie* de Servet. Pour Servet, l'âme *se fait dans les viscères*, par la jonction de l'*étincelle divine*, de l'*esprit céleste*, avec l'*esprit du sang*; pour Cabanis, l'âme se fait plus simplement encore, par la seule *sécrétion du cerveau*, et tout ceci nous montre combien a été grande la vue de Descartes, le premier homme qui ait su fonder la philosophie sur les caractères certains qui séparent le *physique* du *métaphysique*, la *matière de l'esprit*, le *corps de l'âme*. (Voyez mon livre intitulé *Examen de la phrénologie*.)

TABLE DES MATIÈRES

—

FIN DE LA TABLE DES MATIÈRES.

ERRATA.

Page 25, note, ligne 4 en descendant, au lieu de page 10, lisez : *page* 22.
Page 46, note, ligne 9 en descendant, au lieu de page 34, note 1, lisez : *page* 47, *note* 2.

PARIS. — IMPRIMERIE DE J. CLAYE, RUE SAINT-BENOIT, 7.

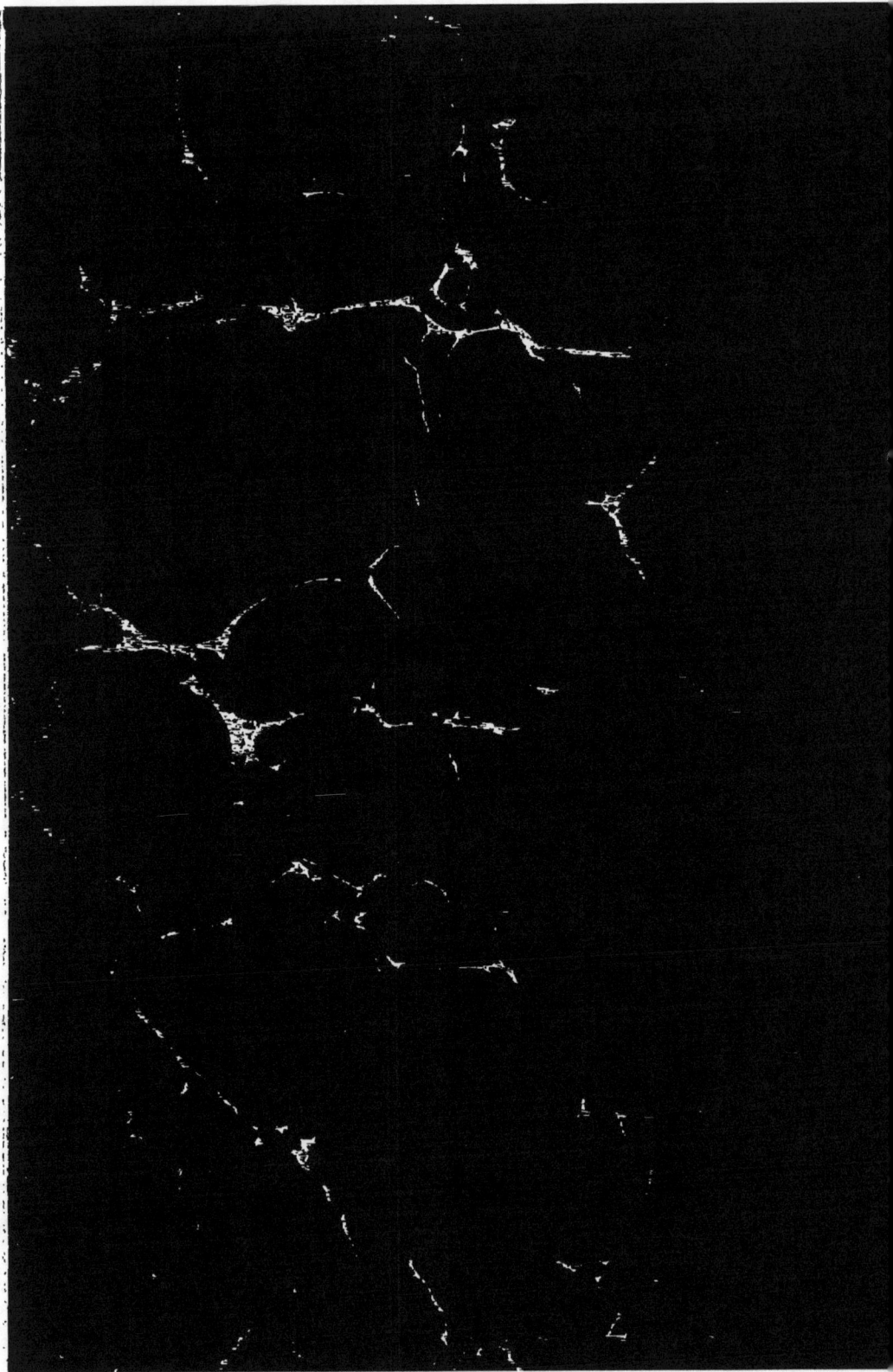

www.ingramcontent.com/pod-product-compliance
Lightning Source LLC
Chambersburg PA
CBHW070241200326
41518CB00010B/1641